U0623856

· 超级思维训练营系列丛书 ·

超天才的分析

CHAOTIANCAIDEFENXI

李宏 ◎ 编著

演绎推理的意义 ──☆── 探求真理的路径

中国出版集团　现代出版社

图书在版编目(CIP)数据

超天才的分析 / 李宏编著. —北京:现代出版社,
2012.12(2021.8 重印)
(超级思维训练营)
ISBN 978 - 7 - 5143 - 0991 - 1

Ⅰ. ①超… Ⅱ. ①李… Ⅲ. ①思维训练 – 青年读物②思维
训练 – 少年读物 Ⅳ. ①B80 – 49

中国版本图书馆 CIP 数据核字(2012)第 275797 号

作　　者	李　宏
责任编辑	刘　刚
出版发行	现代出版社
通讯地址	北京市安定门外安华里 504 号
邮政编码	100011
电　　话	010 – 64267325　64245264(传真)
网　　址	www. xdcbs. com
电子邮箱	xiandai@ cnpitc. com. cn
印　　刷	北京兴星伟业印刷有限公司
开　　本	700mm ×1000mm　1/16
印　　张	10
版　　次	2012 年 12 月第 1 版　2021 年 8 月第 3 次印刷
书　　号	ISBN 978 – 7 – 5143 – 0991 – 1
定　　价	29. 80 元

版权所有,翻印必究;未经许可,不得转载

前　言

　　每个孩子的心中都有一座快乐的城堡,每座城堡都需要借助思维来筑造。一套包含多项思维内容的经典图书,无疑是送给孩子最特别的礼物。武装好自己的头脑,穿过一个个巧设的智力暗礁,跨越一个个障碍,在这场思维竞技中,胜利属于思维敏捷的人。

　　思维具有非凡的魔力,只要你学会运用它,你也可以像爱因斯坦一样聪明和有创造力。美国宇航局大门的铭石上写着一句话:"只要你敢想,就能实现。"世界上绝大多数人都拥有一定的创新天赋,但许多人盲从于习惯,盲从于权威,不愿与众不同,不敢标新立异。从本质上来说,思维不是在获得知识和技能之上再单独培养的一种东西,而是与学生学习知识和技能的过程紧密联系并逐步提高的一种能力。古人曾经说过:"授人以鱼,不如授人以渔。"如果每位教师在每一节课上都能把思维训练作为一个过程性的目标去追求,那么,当学生毕业若干年后,他们也许会忘掉曾经学过的某个概念或某个具体问题的解决方法,但是作为过程的思维教学却能使他们牢牢记住如何去思考问题,如何去解决问题。而且更重要的是,学生在解决问题能力上所获得的发展,能帮助他们通过调查,探索而重构出曾经学过的方法,甚至想出新的方法。

　　本丛书介绍的创造性思维与推理故事,以多种形式充分调动读者的思维活性,达到触类旁通、快乐学习的目的。本丛书的阅读对象是广大的中小学教师,兼顾家长和学生。为此,本书在篇章结构的安排上力求体现出科学性和系统性,同时采用一些引人入胜的标题,使读者一看到这样的题目就产生去读、去了解其中思维细节的欲望。在思维故事的讲述时,本丛书也尽量使用浅显、生动的语言,让读者体会到它的重要性、可操作性和实用性;以通俗的语言,生动的故事,为我们深度解读思维训练的细节。最后,衷心希望本丛书能让孩子们在知识的世界里快乐地翱翔,帮助他们健康快乐地成长!

目　录

第一章　思维之门的金钥匙

超天才的分析

第二章　寻求生活的真相

第三章　解决问题的绝妙策略

第一章　思维之门的金钥匙

创造机会，主动出击

物竞天择，适者生存，这是动物界优胜劣汰的自然法则，但是在残酷的现实中，狼能够得以生存并延续至今，它们悟出一条生存铁律——必须要主动出击，认真、主动地观察和寻找目标及猎物然后主动攻击，绝对不能守株待兔。

对于机会，狼从来都是主动寻找，大胆创造。几只狼在寻找目标时，遇到一群麝牛，狼会先将牛群赶向山坡一侧的高地，形成包围圈后，再把牛群一冲而散，破坏掉它们的凝聚力。

牛四处奔逃，弱小的就会倒在狼牙之下。狼知道，要想获得食物，须经艰苦捕寻，猎物不会主动到嘴边的。我们也要学习狼的这种创造机会主动出击的精神，这是一种很简单的生存秩序哦！

问题：动物界优胜劣汰的自然法则是什么？

物竞天择，适者生存。

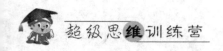

"贪"的精神

人的堕落，在于对温床的满足。而狼正好相反，天生就有一种积极进取，永不满足的"贪"的精神。即使它们得到了食物，却始终处于不满足的状态。这种不满足就是一种积极的态度。无论做什么事情，你的态度决定你的高度。积极是生存发展的基石。

狼面对危险不退缩，我们人类也需要展示自我，推销自己。狼锐利的眼神里透出积极与奋进。为了生存，狼始终保持着一种饥饿感，只要遇到食物，就会以狂风暴雨之势，主动对猎物发起进攻。

狼为了生存常保持饥饿感，人为了生存，或更好地生存也要保持饥饿感。在社会综合性竞争中，我们是猎人，同时在某种角度上也是猎物。如果不想成为别人的"猎物"，那么就要想办法成为一个保持适当饥饿感的优秀猎人，或者是一个不被猎杀的猎物。

学业有成的人，对于知识都如饥似渴的"贪"。他们往往在达到一个进步台阶后，不会满足停滞不前，他们会为自己接着设定新的下一个目标，挑战自我，使自己更进一步。他们会让梦想接力，向着更大、更专的目标迈进。"贪"是他们不断前进的动力。

从前有个农村娃，小的时候，他在亲戚的家里看到了世界地图，那是他第一次对地球有了概念：原来生活在这个世界上的人很多，在村子的外边，还有很多不一样的风景。于是这个孩子立下了一个志愿，要用自己的双脚去走遍全世界。

父亲说："世界上的人不只讲一种语言，你要去闯，就要学习多种语言，才可以心无畏惧。我可以为你提供学习的条件，但能不能走出去，就要看你自己的了。"

小孩记住了父亲的话，开始了他的语言之旅。除了学校里的，他把时间都用来学习语言。从最开始的英语、日语，再后来是拉丁文、西班牙语，法语……

到他 45 岁时，已经学会 18 种语言，去过 50 多个国家。有人问他，你怎么可以学会那么多语言呢？

他答道："我学完一种，觉得不够，总想再多学习一些，这样走出去，才不会那么害怕。"

"贪"会让你不断地想去获得更多东西，而为了得到这些东西，你就要付出更多的努力，去学习更多，拥有更多。

问题：学业有成的人，对于知识都具有什么样的精神？

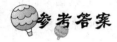 **参考答案**

学业有成的人，对于知识都具有一种如饥似渴的"贪"的精神。

思维小故事

机智的飞行员

在从夏威夷开往纽约的班机起飞后，机场人员接到了一个恐吓电话。

"刚刚从机场起飞的那班客机，机上的所有乘客都是我们要消灭的对象。为此，我们已经在这架飞机上安装了炸弹，当飞机起飞 10 分钟后，炸弹就会启动爆炸；如果飞机降到海拔 2000 米以下的高度时，机上的炸弹会自动爆炸。到时候，……哈哈，就有好戏看啦！"

驾驶员听到此条来自控制塔的消息后，简直不知所措。当时飞机是在海拔 10000 米左右的高空飞行，暂时应该还不会有问题出现，但是飞机是不可能永远不降落的，再者，一旦飞机燃料用尽，还是……

然而，这位驾驶员突然间想到了一个能够安全降落着地的方法。于是

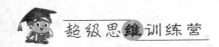

他改变了飞行的航线，向别处继续飞行。最后，飞机终于安全着陆了，安全特工在飞机的尾翼部分真的找到那枚炸弹。并且这枚炸弹就如所说真的会在2000米处自动引发爆炸。

请问这位机智的驾驶员是如何避免这场灾难发生的呢？

参考答案

倘若飞机降落在低于2000米的机场，那么飞机肯定就会发生爆炸，但是，如果驾驶员飞到地势高于2000米的国家，将飞机降落在它们国家的机场上，那不就安全了？比如，墨西哥就是位于海拔2200~2300米地势较高的国家。

用一生挥洒100%的热情

【狼群获胜源于热情】夜晚风雪很大，狼群和马群在沼泽处进行搏斗，最后，狼群胜利了。马群之所以失败，其实并非归咎于它们没有战斗力，而是因为狼具有顽强的取胜的信念支撑。

必胜的信念源于它们的热情。生命丧失了热情，如燃尽的火炬。是这份热情，让狼变得更加勇猛。

对于学习也许你会觉得单调、乏味，这时候，有一种情绪能够帮助你享受学习的乐趣，那就是热情。热情是一种对于一项事物的发自内心的热忱。

【三个泥水匠】一家公司，有 A、B、C 三个泥水匠。他们在干活，经理来了，并问了他们："你们在做什么？"

A 说："砌墙。"

B 说："挣钱。"

C 说："建造世界上最有特色的建筑。"

过了 10 年，A、B、C 三个人天各一方。A 毫无长进，被老板炒了鱿鱼；B 勉强保住饭碗，仍是普通的泥水匠；而 C 却成了大建筑师。

毫无疑问，C 是一个对生活、对工作充满着热情的人。A 和 B 只顾眼前的利益，对于未来并没有一个明确的目标，而且，对待工作的态度与 C 也是截然不同的。

A 对工作无感情，更没有热情，做一天和尚撞一天钟。

B 呢，对工作缺乏热情，把它当成谋生手段。

而 C，热爱工作，而且充满热情，希望能干出一番成绩。正是这样的热情，催促着他不断实现自我，实现理想，最终造就成功。

热情是一种神奇的要素，对人们的生产和生活产生直接或间接的影响，热情是成功的基石。热情还可以通过分享来进行复制，而并不影响原

超天才的分析

有的程度。热情是一种分给别人之后反而会增加利润的资产。

你付出的越多，得到的也会越多。生命中最巨大的奖励并不是来自财富的积累，而是热情带来精神的满足。

热情，是做事情的必要条件。拥有了热情，你就增大了成功的砝码。发明家、艺术家、作家、英雄、大企业家——无论来自什么种族和地区，无论时代——那些引导着人类从野蛮走向文明的人，都充满热情。

狼一直都保持着100%的热情。狼的一生，都在不停地挥洒着热情。热情可以使你保持清醒，使你全身所有的神经都处于兴奋状态，去进行你内心渴望的探索。

问题：10年后，A、B、C三人，有了不同的境遇，请问他们为什么有不同的结局？

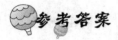 参考答案

C是对生活、对工作充满着热情的人。正是这样的热情，催促着他不断实现自我，实现理想，最终造就了他的成功。而A、B，对于工作缺乏热情。

好 学

自然界是在不断变化的，狼有很强的生存能力，因为它们保持不断学习的境界，不断地从变化、竞争中积累更多的生存的经验。

我们学生为了能在今后的激烈的社会竞争中生存，必须具备一种心态，那就是——好学，我们只有不断地用知识来充实自己，使自己茁壮成长，才能最终在社会上站稳脚跟，才能打造出属于自己的一片天地。

【好学的乌鸦】很久以前，有个传教士带着乌鸦，来到非洲小国。几年以后，传教士死了，乌鸦繁衍得越来越多。

乌鸦浑身都是黑色的羽毛，嘎嘎叫，令人讨厌。乌鸦被当地的人射死。幸存者无几，如惊弓之鸟，一看到人就逃跑。

后来，乌鸦躲到树林，为了生存，它们把羽毛染成灰色，并向当地的鸟儿学习鸣叫，渐渐地，叫出来的声音听起来，就像是有人在微弱地哀求。

由于乌鸦改变了自己的颜色和声音，当地人就停止了对乌鸦的射杀。就这样，乌鸦在那个国家得以继续繁衍。

面对与时俱进的时代，我们的任务就是学习，通过学习改变自己的无知，通过学习改变自己的生活境况，通过学习以更好地适应环境，保证自己在知识多元化的世界里舒适地生存。

我们看到乌鸦在危机来临时能通过学习来改变自己，从而幸存下来。人类也是如此，作为融入社会的一员，必须根据环境的变化来不断学习、不断改变自己，主动地去适应社会，否则成功将无从谈起。如果将人看作一棵树，学习就是树的根，是人的生命之根。

问题：将人看作一棵树，（ ）是树的根，是人的生命之根。

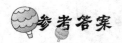 参考答案

学习。

思维小故事

从夏威夷来的怪客

正在国际机场入境处的明智，瞪大了眼睛站在那里。

根据情报，在夏威夷进行国际贩毒的毒贩毛姆即将入境。

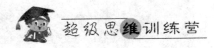

据说毛姆很会乔装，他在来夏威夷时，留着满脸大胡子，那模样就连熟人也认不出来他。

明智手里拿着毛姆的照片正准备逮捕他。

当时入境的人很多，但是没有发现毛姆。

最后，明智发现了有 3 个人很可疑。

其中一个下巴贴着胶布，留着日本式八字胡，戴着墨镜；另一个穿着夏威夷的花衬衫；最后一个没有留胡子，可下巴白得有些不自然，并且目光十分锐利。

明智歪着头，想了一会儿，然后微笑着靠近了其中一位。

"毛姆，我在这里等你很久了……"

那么，到底哪一位是毛姆呢？

毛姆就是那位目光锐利的人，因为夏威夷的阳光非常强烈，把毛姆晒得很黑，但他刮过胡子的下巴没有被太阳晒过，所以比较白。毛姆忽略了这一点，被明智一眼就看穿了。

拼搏，时间限量版

【上帝与人】传说上帝最开始的时候创造了3个人。

他问第一个人："到人世间你怎样度过一生？"

第一个人回答说："我要用我的生命尽可能地去创造。"

上帝又问第二个人："到了人世间，你准备怎样度过你的一生？"

第二个人回答说："我要在我的生命中不停地享受。"

上帝再问第三个人："那你呢？准备怎样度过一生？"

第三个人说："我既要创造人生又要享受人生。"

上帝给第一个人打了50分，给第二个人打了50分，给第三个人打了100分，他认为第三个人才是最完美的人，他甚至决定多生产一些"第三个"这样的人。

三人到人间，就像他们所说的那样度过自己的人生。第一个人来到人世间，表现出了不平常的奉献感和拯救感。他为许多人做出了许许多多的贡献。并且对自己帮助过的人，他从无所求。他为真理而奋斗，屡遭误解也毫无怨言。

渐渐地，他成了德高望重的人，他的善行被传颂，他的名字被人们默默敬仰。他离开人间，所有的人都依依不舍，人们从四面八方赶来为他送行。到了很久以后，人们依然还记得他当时在人间的事迹。

第二个人，在他的人间旅途中，表现出了占有欲和破坏欲。为了达到

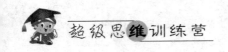

目的他不择手段，无恶不作。

后来，他拥有了财富，生活奢华，妻妾成群。再后来，他因作恶太多而得到了应有的惩罚。正义之剑把他驱逐出人间，他得到的是人们的痛恨和鄙弃。

而第三个人，在人世间平平淡淡地过完了自己的一生。他建立了自己的家庭，过着忙碌而充实的生活。他离开人世的时候，就像当初悄悄地来，似乎没留下任何的痕迹。

人类为第一个人打了 100 分，为第二个人打了 0 分，为第三个人打了 50 分。人类因此说："失误的上帝！"可是人类却听不到上帝的回答。最好的解释是：人要为自己而活，人不是为上帝而活。

是的，人不为上帝而活，更不为别人而活。每个灵魂投胎到人间都是为了成就自己，人本来就该为自己而活，但生活中偏偏让人们在很多时候为别人而活。能为自己而活的人需要勇气，需要坚强，需要孤注一掷的决心。

【木匠的可惜】有一个木匠，为别人盖房子很多，终于等来了他的退休之年。雇主很感谢他服务多年，问他能不能再建最后一栋房子。木匠答应了。可是，木匠的心思已经不在干活上了，干活马马虎虎，偷工减料，用劣质的材料随随便便地就把房子盖好了。完工以后，雇主拍拍木匠的肩膀，诚恳地说："这间房子就是你的了，很谢谢你这些年来的付出，这就当作是我送给你的退休礼物吧。"

木匠一句话也说不出来，这实在是他没想到的。如果当初他知道他是在为自己建房子，他一定会用最优质的建材、最高明的技术，然而现在呢，却建成了"豆腐渣工程"！但后悔已经没有用了。

也许你也在为这个木匠可惜，但可怜的是，每个人都可能是这个木匠。

每天，你砌一块砖，钉一块木板，垒一面墙，最后，你发现，你居然不得不居住在自己建成的房子里。可是，到这时，一切都已经注定，你已经无法回头了。这就是人生，充满了遗憾和嘲弄。

再也没有比"我这是在为别人学习"这种观念更伤害自己的了。

人生最重要的一堂课，就是要教会自己这样一件事：你是自己命运的播种者。你今天所做的一切，都会在将来深深地影响到自己的命运。认识到你是在为自己学习，意味着自我负责和自我激励。一个人只有能够自己对自己负责，自己给自己加油鼓劲，才能真正活出生活的滋味。

你可曾因为作业多感到不满而消极怠工？你可曾因为被老师批评而不思进取？你可曾陷入对环境的怨恨中无法自拔，却一直没有积极有效地改善？时间一点一点地流逝，而你被时间牵着鼻子走，任其蹉跎。

狼知道自己的生命并不是为别人而活。请你从狼的眼眸中读出它的睿智，从今天起，从认识到你的时间有限起，从认识到你是为自己而努力学习起，开始一个因愉悦的学习而感到充实的人生吧。

问题：为什么雇主送给木匠了房屋，木匠却感到很后悔呢？

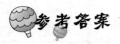 **参考答案**

木匠当初的心思已经不在干活上了，干活马马虎虎，偷工减料，用劣质的材料随随便便地就把房子盖好了，建成了"豆腐渣工程"。

思维小故事

窗边的文稿

有一列火车在铁道上飞驰着，车厢里的乘客不是很多，他们有的脸朝窗外，看着窗外的风景；有的卧靠在座椅上，随着车上轻微的"隆隆"声，闭上眼睛入睡；有几个女孩子，胃口似乎特别好。刚刚才吃完午餐，现在，又掏出一大包零食，开胃地吃着。

在 5 号车厢里，坐着两位工程师，他们一个叫托马斯，是总工程师，另一个叫温森特，是托马斯的学生。他们在同一家设计院工作。这一次，他们是到 A 市来参加一个学术大会。最近，托马斯的一项研究成功了，他要在学术大会上发言，现在，他正拿了一沓论文稿，在做最后的修改。温森特是一个很自私的人，看着老师的成绩，经常在心里暗暗嫉妒。

还有一个小时，列车就要到站了。托马斯将论文放到车窗前的桌子上，对温森特说："我去一下卫生间。请帮我看好这些稿子。"可他回来时，看见纸张散落了一地，温森特吃力地蹲着，正在一张一张地捡起。看到托马斯回来了，温森特抱歉地说："对不起，刚才我觉得太热了，就把窗子打开了，谁知道一阵风吹了进来，把稿纸吹得满地都是。"托马斯安慰说："没关系，但是，这些文稿很重要，可不要弄丢了。"两人捡起稿纸，数了数，发现少了最关键的两张！托马斯想，会不会被风吹到其他车

厢去了呢？他赶紧找来了乘警，向他求助一起寻找。

乘警听了他的诉说，摇摇头笑着说："那两张文稿，一定是被您的同伴给藏起来了！"

请问，为什么乘警会认为是温森特偷了文稿呢？

参考答案

因为火车在高速行驶的时候，车厢里面的气压会比外面高。窗子一打开，窗边的那些文稿只会被"吸"到窗子外，不可能"吹"进车厢里。

"草原战神"，永不放弃

提到"草原战神"你想到的肯定会是草原上的狼族。

对，它们的一声嗥叫都能让很多动物闻之丧胆，它们是草原上的王者。但是"战神"也不是无往而不胜的。它们的世界中也不都是胜利而多数的是失败。有专家经观察研究表明，狼群在 10 次狩猎中只有 1 次是成功的。然而正是这 1/10 的成功决定了狼群的生存法则。

但是在狼的字典里有"失败"但却没有"放弃"。在挫折和失败面前，它们都永不放弃，所以才能捕获猎物。狼在失败的时候，从不低头认输，相反，狼会很快地重新振作起来，投入新一轮的战斗中。它们忍受着时间的考验，从暂时的挫折中吸取教训，深信胜利总会来临。狼的字典里没有"放弃"两个字。

我们学生要想学业有成，获得成功，就要有狼群的这种永不放弃的精神。当你同时面对众多的功课、面对一次又一次飞失误时，当你面对考试后的失败、面对对手的排挤时，你需要一个信念，那就是——永不放弃！

生命就如同一场马拉松大赛，对胜利的奖赏不会是在起点，而是在那几经周折的赛程终点。这一路上，只要你心中有一个永不放弃的信念，它

就会带你看到成功的曙光!

【最后一颗子弹】有两个探险家迷失在一望无际的沙漠里。因为长时间的缺水,他们的嘴唇裂开了一道道的血口,如果继续下去,两个人会被渴死!

一个年长一些的探险者从同伴手中拿过空水壶,郑重地说:"我去找水,你在这里等着我吧! 接着,他又从行囊中拿出一支手枪递给同伴说:"这里有 6 颗子弹,每隔一个时辰你就放一枪,这样当我找到水后就不会迷失方向,就可以循着枪声找到你。千万要记住!"

同伴点了点头。

时间一分一秒地在流逝,枪膛里的子弹只剩下了最后一颗,去找水的人却还是没有回来。

"他一定被风沙湮没了,或者找到水后撇下我一个人走了。"年纪小一些的探险者数着分数着秒,焦灼地等待着。饥渴和恐惧伴随着绝望如潮水般充盈了他的脑海,他仿佛嗅到了死亡的味道,感到死神正面目狰狞地向他紧逼过来……

他扣动扳机,将最后一颗子弹射进了自己的脑袋。然而就在子弹穿过他脑袋的一刹那,同伴带着两大壶水匆匆赶了回来,但他却再也喝不到了,因为他放弃了坚持,他同时也放弃了自己宝贵的生命。

人生的道路上避免不了困难和挫折,我们要记住咬牙坚持。坚持到与成功相握,我们如果选择了放弃,就会与成功擦肩而过。在困难面前,不要绝望,不要轻言放弃,一定要坚持、再坚持。只要你永不放弃,就连死神都会离你而去。

【买保险】汉森是一家保险公司的工作人员,为了工作,他花掉自己的 65 美元买了一辆脚踏车到处去拉保险业务。但不幸的是,业绩始终是一片空白。可是,他丝毫没有气馁,晚上即使再疲倦,他也要一一写信给白天被访问过的客户,感谢他们接受自己的访问,并力请访问过的客户能够加入到投保行列当中。信中的每一句话都显示出他的真诚,让人不忍拒绝。

但是两个月过去了，汉森还是没有拉到一个客户，他的上司也催他催得越来越紧。汉森对自己产生了怀疑，他在日记中写道："从前，我以为只要一个人认真、努力地去工作，就能做好任何事情。但是这一次，我真的错了。因为事实显然并不是这样的！我每天辛辛苦苦地到处跑，可结果呢？68 天我却连一个客户也没有拉到。唉！看来保险工作并不适合我，或许我该考虑换一个工作。"

妻子劝他："坚持，坚持就有盼头。"他听了妻子的劝告，继续干了下去。

又过了两个星期，汉森要去见一个客户，对方是一个小学的校长。而汉森要做的事就是说服他，让他的学生全部投保险。然而校长对此却丝毫不感兴趣，一次次把汉森拒于门外。当他在第 69 天再一次跑到校长那里的时候，校长终于为他的诚心所感动，同意全校学生都买他的保险。

汉森成功了！正是"永不放弃"这 4 个字，使他后来成了有名的保险推销员。

拥有坚韧和永不放弃的精神，应该是每一个有志的学子所必需的。无论对于一个中学生还是一个小学生，要想干成任何事情，都要能够坚持下去，坚持下去才能取得成功。如果你坚持着不放弃，那即使前面的山再高，你也可以一步一步地迈过去，去看山后美丽的风景。

问题：枪里有 6 颗子弹，每隔一个时辰年轻的探险家就放一枪。可是他扣动扳机，将最后一颗子弹射进了自己的脑袋，为什么？

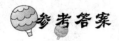

参考答案

年轻的探险家在困难面前，轻言放弃，没有坚持到底。

— 15 —

思维小故事

岔路口的血迹

通过当地警方的帮助，从外省一路追踪毒贩而来的探长安然和助手白大可，在森林公路中段截获了一辆装载毒品的卡车。双方发生了十分激烈的枪战，经过 4 小时的战斗，这个共有 10 名成员的贩毒集团有 4 名被击毙，5 名被捕，还有 1 名毒贩负伤逃走了。

随后安然探长立即带领助手深入密林追捕。

他们进入了密林后，沿着血迹认真搜捕着。忽然间，从不远处传来一阵枪声和一阵动物的奔跑声。等他们循着声音追过去后，发现有几只死了的山羊躺在一个三岔路口。

就在三岔路口，路上的血迹由一行变成了现在的两行，并且左右分道而去。很明显。这是逃犯和受伤的动物们留下的，他们分别向着不同方向逃命。

该怎么办？到底哪一行才是逃犯的血迹呢？助手看着血迹，有些困惑。但探长安然只用一个简单的方法就鉴别出了逃犯的血迹去向，最终将逃犯抓获。

请问安然探长是用的什么方法鉴别出了逃犯的血迹？

参考答案

因为人体的血液中含盐量远远超过动物血液中盐的含量，安然用他敏感的舌尖分别舔尝了一下两行血迹，当然可以鉴别出来了。

挖井的坚持

【镜头聚焦】一群羚羊正在低头吃草，一匹狼悄然接近。羚羊发现了草丛后的危险，拔腿拼命奔跑，狼同时奔向羊群，不断往前跑超过身边的羚羊，羚羊放慢了速度后，一只小羚羊被狼一口咬住脖子，奄奄一息。

其实狼一开始就认准了这只小羚羊，放过其他羚羊，直到追上猎物。在数百万年生与死的较量中，狼猎食的规则是：盯紧其中的一只羚羊，然后一直追捕，直到得手为止。否则，只能忍受饥饿的痛苦。

狼的精神告诉我们：在学习上，一旦确定了你的目标，就要盯紧它，奋力冲刺，努力拼搏，死死咬住它，只有这样，你才可以获得成功！

我们人在生活中也是这样。如果你目标不确定就会摇摆不定，使得自己的生命轨迹如钟摆，在有限的范围内循环着圆的轨迹，永远跳不出去，也就见不到远方的美景。

无论我们决定要做什么事，哪怕是很小的不起眼的事儿，都要首先确定目标，然后要做到坚持不懈，始终朝着你认定的目标去奋斗。

你失败过吗？原因是不是没有坚定你的目标，因为你当时觉得希望渺茫而选择了放弃？我们仔细回忆一下自己的过往，或许都有这样的经历。

【挖井】漫画：一个青年挖井找水，挖了四五个深浅不一的坑也没有出水，正要挖新的"井"。画面下部的文字反映了他的心思：这下面没有水，再换个地方挖。而事实并非如此，那些"井"再挖深一些，就能找到丰富的水源了。可惜的是，青年并没有再把"井"挖得更深一些。

漫画折射：画中青年没有找到水，正是因为他不肯只在一个地方深挖，结果只能是白费了力气，也没有找到水。

成功 = 肯花力气 + 目标专一 + 持之以恒 + 全力以赴。

威廉·克拉斯克尔（William Krasker）是一个银行家。他年轻时的理想就是管理一家银行，为了这个理想，他不停地为之奋斗。他曾经做过交易所的职员，木料公司的统计员、簿记员、收账员、折扣计算员等，但无论处于怎样的低潮，他都没有放弃自己的这个理想。终于，他成功地猎取到了自己的"猎物"。

威廉·克拉斯克尔说："一个人可以通过不同路径达到自己的目的。但是目的地只能有一个，如果经常变动它，那么你就要走更多、更远的路。往往是耗费了力气，还很有可能到达不了终点。所以，只给自己设定一个终点，并且保持不变。这样，无论你走在哪条路上，即使偶尔走错也不要紧，因为你的方向始终不会变，你的终点永远在那里等你。而你，也一定可以通过自己的努力，到达你的目的地。"

静下心来，选定猎物——要达到的学习目标。然后像狼一样，盯上目标眼神不要移开。锁定猎物排除干扰。就算在这个猎物的旁边还有更诱人的"羚羊"，也切不可让你的注意力分散。因为一旦分散，你就很有可能事倍而功半。

只有专一，才能让你得到猎物。当你终于咬到了你的"羚羊"，千万不要松口。要知道，煮熟的鸭子尚且可以无翅而飞呢。盯紧并努力咬住你的猎物，直到你确定你已经达到了预期的目标。然后，再锁定一个猎物，集中精力去追逐它，你就会越来越接近更大的成功。

问题：通过挖井的启示，你可以得出怎样的成功的公式？

成功＝肯花力气＋目标专一＋持之以恒＋全力以赴。

思维小故事

能砸碎钻石的铁锤

专门对富豪下手偷盗的职业大盗松本次郎，得知有位南非商人携带了一颗价格不菲的钻石来到东京入住在某酒店。于是，他趁这位商人在吃饭时，偷偷地溜进了商人住的房间。

松本次郎找了大半天，还是没有找到那颗钻石。只在商人的皮包里发现了几颗小钻石，正在想那颗大钻石会放在哪里时，商人进门了。松本只愣了几秒钟，就赶紧抽出刀子架在了商人的脖子上，然后把门关上了。

"你是谁，到底想干什么？"商人问道。

"明人不做暗事，我是贼，就是想前来看看你的钻石。"松本镇静地回答。

"真抱歉，我的那颗钻石已经出手了。"

"你想骗谁啊，我一直在观察你，你一下飞机就来了这里，除了餐厅

你还没去过东京的其他地方，识相的，快把钻石拿出来，要不然别怪我的匕首不认人。"松本手上一用力，血从商人脖子里渗了出来。

商人并不感到害怕，说："你就算杀了我，我也不会把那颗钻石交给你的。"

"那我就将这几颗钻石敲碎。"说着松本拿出一把小铁锤，那是他盗窃时最常用到的。

"哈哈哈，居然还有这么笨的人啊，钻石是世界上最坚硬的东西，你的小铁锤能砸碎钻石吗？如果你能砸碎，那我就将那颗钻石送给你。如果你砸不碎，就麻利地给我出去。"商人显得很得意。

"好。一言既出，驷马难追，睁大你的眼睛看着。"松本说完用力一锤居然把钻石砸碎了。

"怎么会这样？"商人愣呆了，只好把钻石交给了松本。

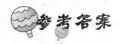

因为铁虽然比钻石软，但是钻石怕热怕碰撞，铁锤的冲击力是完全能把钻石砸碎的，这个道理就像皮球在用力抛投后可以打碎坚硬的玻璃一样。

聚焦燃纸的精神

【没学历也能出国】有一位农村的阿姨，因为她女儿在美国，所以她要申请去美国从事户外工作。但是她的学历太低了，连小学都没读完，连语言沟通都成问题。

移民局的移民官看了她的申请表，问她有没有"技术特长"。

她说，"有，我会剪纸画"，说着就从包里拿出剪刀，灵巧地在一张彩纸上飞舞，不到3分钟，就剪出一组栩栩如生的动物图案。

移民官员啧啧称奇，这位阿姨的申请很快就得到了批准。

这位农村的阿姨既没有学历也没有十足的工作经验，但她有一项别人很难达到的特长，就靠这一项就得到自己需要的东西。

所以，我们只要有一处与众不同从而被社会承认，就会可以拥有自己想要获得的东西。可是我们身边不少人迷茫地走向了误区，譬如一些学生在校读书期间，家长逼着忙于考各种的等级证，证书弄了一大摞；忙着学琴、练舞蹈，业余爱好换了一个又一个，但结果竟然连重点高中都进不了。

原因是他们分散了自己的时间和精力，没有专注于某一件事情，结果往往让人很失望。

【聚焦燃纸】一位年轻人非常刻苦努力地工作，可事业上却没什么起色。他找到法布尔问这是怎么回事。法布尔赞许他是一个有志青年。

超天才的分析

年轻人说："是的，我爱文学，我也爱科学，同时，对音乐和美术的兴趣也很浓。我把时间都安排得满满的，但却仍然得不到成功。"

这时，法布尔微笑着从口袋里掏出一块凸透镜，做了一个小实验：当凸透镜将太阳光集中在纸上一个点的时候，很快就将这张纸点燃了。

法布尔对年轻人说："就像这块凸透镜一样，把你的精力集中到一个点上试试看！"

在学习中，我们都会有或大或小的目标，我们为了达到目标而不断努力地学习着。在通往目标的路上并不一定很平坦，也可能是道路崎岖，路上也可能会是荆棘丛生，你会不会因此而失去信心，退缩不前呢？不少能够披荆斩棘的勇士由于不专注于自己的目标，或者由于遇到挫折或诱惑而分散精力，最后不能实现自己的预定目标。人的潜能是无限的，但是我们的精力却是有限的，我们不可能将精力分散在诸多的问题上，那样每一件事都会做不圆满。

设想，我们一生只去做一件事，是没有什么做不成的。也就是将精力集中在一点上，可以成就万事，我们将志向确定在一件事情上，并全心全力投入，不辞艰苦，不计得失，就能突破险阻，取得最后的成功。适度的放弃就是一种全新的收获。

我们知道画家都有自己最擅长的实物画。齐白石擅长画虾，栩栩如生；黄胄擅长画驴，活灵活现；徐悲鸿画马，呼之欲出；李苦禅擅长画鹰，形神兼备。

从这些大家的身上，我们可以得出结论，要想有所收获，我们是不能朝三暮四的，要专注于某一项目标事物上，否则白白浪费了自己的时间，最后落得个两手空空。

好了，同学们，从现在起就让我们集中精力专事一项任务吧。当你交上一份漂亮的答卷之后，你就可以安心地等待那个心仪的100分了。

问题：齐白石擅长画虾，栩栩如生；黄胄擅长画驴，活灵活现；徐悲鸿画马，呼之欲出；李苦禅擅长画鹰，形神兼备。他们为什么能技艺精湛到如此地步？

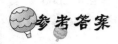
因为就像这块凸透镜一样，他们把精力集中到一个点上了。

思维小故事

变软的黄金

在纽约的一条繁华的大街上并排开着许多家金店，人称"金街"。就在这天晚上，负责守卫安特金店的保安和往常一样走进了地下金库，准备查视金库的黄金情况，当他刚进去一间装有黄金的库房时，发现有100千克的纯度很高的金块被盗了，于是他马上打电话报了警。

刑警们接到报案后马上就出动了，没多久就在码头将盗匪和他们的车拦截了。

刑警们认真地搜查了汽车的各个角落，甚至连轮胎和坐椅都检查过了。但是，搜来搜去，一点黄金都没有找到。一无所获的刑警们觉得很失望。

"现在可是法制社会，麻烦你们快点。耽误了我的事，小心你们丢了饭碗。哈哈哈……"盗贼见刑警们搜查不出证据，便大声地嘲笑着。

这时亨特侦探赶到了，他看了一眼汽车，说道："你们是到底是怎么搜查的？黄金不就在这里吗!"他一下就看出了玄机。

请问亨特是怎么查到了黄金的呢？

因为纯黄金很软，并且还有黏性，所以可以加工成各式各样形状。加

工薄片可以加工到 0.000 1 毫米薄的金箔。1 克黄金就可以拉出 3000 米长的金丝。利用这个特点，还可以将金块加工成壁纸一样厚度，装饰到墙壁上，得以掩饰。

将失败视作成功的开始

同学们，在我们的印象中，狼的捕猎技巧是不是很高明？但我要告诉你，它们在捕猎过程中的失败概率也高达 90% 呢。狼把一次失败的捕猎行动当做对自己的技能的锻炼，对下一次成功的准备。狼并不会将这次失误视为永远的失败，而是将其作为下一次成功的开始，在失败中找原因，并从中吸取经验教训。

我们在学习的过程中，不可能一帆风顺，再加上我们自身能力上的欠缺和基础的不同，犯错误是在所难免的。但需要我们能够正视错误本身，做到"吃一堑，长一智"。

【西方俚语】你知道"墨菲定律"吗？墨菲定律（Murphy's Law）是西方常用俚语。

"墨菲定律"：任何事都没有那么简单；所有的事都会比你预计的时间长；会出错的事总会出错；担心某情况发生，那么它就更可能发生。

墨菲定律主要是说：事情如果有变坏的可能，不管这种可能性有多小，它总会发生。比如你衣袋里有两把钥匙，一把是你房间的，一把是汽车的，如果你现在想拿出车钥匙，会发生什么？是的，你往往是拿出了房间钥匙。

这个定律表明，容易犯错误是人类的弱点，不论科技多发达，事故都会发生。解决问题的手段越高明，麻烦就越严重。所以，我们在事前尽可能想得周到、全面，如果真的发生不幸，就笑着应对，关键在于不掩盖错误，要善于总结它。

成功的人比我们站得高、看得远；对于失败而言，则在于我们被错误束缚了手脚，无限地扩大了错误的严重性，不敢尝试。任何一种新的突破都始于犯错，有了突破就有了前进。

【百灵收徒】从前，百灵鸟同时收了夜莺、乌鸦两个徒弟，悉心传授歌艺，希望在它们中间诞生未来的森林歌王。夜莺的基础没有乌鸦好，但是它反复练习，不怕犯错误，在百灵鸟的指导下一天天进步。

而乌鸦自视天赋较高，又怕犯错误被别人嘲笑，一直不肯开口练习。终于夜莺学成毕业，成为森林歌王，而乌鸦则一事无成，只要它一叫就会招来一片怒骂声。同样的起跑线上，最终却是两个不同的结局。

成长是"与错误共生"，我们需要正确地对待犯错。犯错谁都不愿意，但是不愿意尝试犯错，才是最大的错。因为害怕犯错会失去很多机会。从某种程度上说，"犯小错误"就是"获得成功"的成本：是合理的和必要的。我们不应该缩手缩脚，而应该善于从错误中找教训。

成功人士都善于在犯错中思考，都在犯错中成长，循环在大错——小错——无错——成功之间。辩证地说，世界上没有人不犯错就随随便便成功的，都是经历了错误的尝试的。

【爱因斯坦的背后】爱因斯坦到4岁的时候还不会说话，7岁还不识字，常常犯错误。而邻居的孩子却很乖，很少犯错误。

爱因斯坦受老师批评，邻居的小孩则经常受老师表扬。那时，老师就断言，这个孩子实在是太笨了，将来不会有出息。理由是：他脑子老犯错误。其实，这只是他思维不按常理出牌的一个表现。

而最后，爱因斯坦成了举世著名的物理学家。而那个很乖的、邻居的儿子却销声匿迹在人群中。

我们从爱因斯坦身上学到什么？要想学业有成，需要拥有一种勇于犯错误的品质。时代是发展的，观念也要与时俱进。不能完全照搬前人的经验，新的时期，境遇的不同使得更多的事情发生的前提发生了改变。

我们只有不断地去实践，不断地去尝试，在尝试的过程中，错误是在所难免的。如果因循守旧地思考和行动，表面看起来不会犯大错，却无法得到突破，只能停留在前辈的水平上，离成功遥遥无期。

但是，敢犯错不是没有目的的蛮干，而是对错误有预见和估算的自信，有敢为人先的气魄。不怕犯错是对未来的实力挑战，是探索未来的锋利宝剑。成功者一般是曾经的犯错者。

在行动之后，不要抱怨，更不要为失败找借口。我们要做的是从失败的行动中总结经验教训，争取在下一次行动中不再重蹈覆辙。

在激烈的竞争中，有人靠智慧和能力，率先获得了成功，也有人因种种失误经受着失败的痛苦。但成功和失败对于一个人来说总是在变化着的。你面对的究竟是失败还是成功，看你能否对曾经犯过的错误有正确的认识。

如果你面对新鲜的挑战敢于犯错，善于从犯错中总结经验、吸取教训，那么你最后一定会取得成功。

问题：为什么终于夜莺学成毕业，成为森林歌王，而乌鸦则一事无成？

参考答案

　　因为夜莺的基础虽没有乌鸦好，但是它反复练习，不怕犯错误，在百灵的指导下一天天进步。而乌鸦自视天赋较高，又怕犯错误被别人嘲笑，一直不肯开口练习。

思维小故事

超天才的分析

梧桐树的落叶

　　在明朝永乐年间的衢州城西，有一个铁匠铺。铁匠得病不久就去世了，留下了妻子杨氏、女儿秀华和一个年迈的母亲。铁匠病逝以后，老母悲痛不已，忧忧患病，最终卧床不起。

　　为了婆婆可以早日康复，这天杨氏和女儿秀华来到了紫凤山龙音寺烧香求神。烧完香后，杨氏看看天色已经有些晚了，便让秀华早点回去。秀华是个听话的孩子，虽然才16岁，但是已经是一位亭亭玉立的大姑娘了。她挽着母亲慢慢地向山下走着。忽然间秀华觉得好像有什么东西跟在后面，但是回头看了看，什么也没有发现。当她们回到铺子里时，天已经黑了。就在这天夜里，两个蒙面剽悍男子翻进铁匠铺的院子里，将熟睡中的秀华掳走了。当杨氏从惊吓中醒来时，婆母已连病带吓背过了气，悲祸真是接二连三啊。丈夫病死，女儿被抢，婆婆也不在了，杨氏每天以泪洗面，几次轻生，但都被邻居拦住了。有一天，好心的邻居陈嫂又来看她，并告诉她说，按察使周新来到了州城，你应该去申冤！当天，陈嫂就陪着

杨氏来到了按察院告状。

　　杨氏陈述了事情后，周新什么也没说，只是慰问了几句，便让她回去等着消息。

　　周新心想，抢走少女秀华的一定不会是居住在县城的人，或许是隐匿在荒山野林中的强盗。随后，他便命令了十几名捕快乔装，分兵各路到山林中去搜寻。可是查了数日，没有任何发现。于是，周新只好亲自带人出去查寻。

　　这天，周新带着几名捕快查来到了龙音寺附近。他们还没有走到龙音寺，就已经有人通知了老和尚法允。法允听说是按察使驾到，急忙让众僧迎出山门。

　　"不知大人驾临寒寺，老衲有失远迎，恕罪恕罪！"

　　"不必客气，本官只是经过而已，休息片刻还要赶路。"

法允吩咐小和尚端来热茶，又对周新说道："周大人刚来州城几日，就来寒寺巡游，不知是为何事而来？"

"并无大事，我只不过是为了一件案子要去山里查询。"周新回答道。

"为了一件案子？"听了周新的话，法允脸上的神情顿时失色。

"好，咱们不谈这个令人头痛的事。"周新把碗底的茶根泼在地上，站起身来说："既然已经来到了这大名鼎鼎的龙音寺，就不能白来。"

"什么？"法允有些惊慌。

"我这个人有个爱好，就是不管走到哪里，只要是有名的地方，都要去朝拜一下，感觉这始终是一件趣事。"

"哦，原来是这样啊。"法允长出了一口气："那好办，我这就领大人到寒寺的周围看看。"

"那就有劳了。"

然后，法允陪着周新朝寺院里走去。周新似乎对寺里的一切都感兴趣，一会儿问问这，一会问问那。最后，他们来到了一棵大梧桐树下。这棵梧桐树长得虽不很大，但枝杈非常整齐地向周围伸展着，像一把巨大的伞，立在这里。树下，有几个石桌石凳，可能是专供来此朝拜的人们休息停歇的。几个人就坐下了，小和尚又把茶水端了上来。突然，一片叶子掉到了到周新的茶杯里，他顿时一愣。小和尚连忙接过茶杯将茶水泼了。又上了一碗新茶。就在这时，周新貌似发现了什么，他快速地扫视了一遍眼前，高声叫道："来人，把铁锹拿来。"

"大人，你这是……"法允问道。

"这棵树生病了，需要移栽一下。本官从小就喜欢植树，今天就在这里向众位献丑了。"

法允本想制止，可衙役已经把铁锹拿来了。周新拿起铁锹，指挥众人挖了起来。法允站在一旁不知所措，神色顿变惊慌。不一会儿，那棵梧桐树便被挖倒了。大家看见树坑下面居然有一具女尸。

周新看着法允冷笑道："凶手果然是你，还不给我绑了！"

"谁敢绑我师父，我一定不会放过他！"两个面目凶恶的小和尚从法允

超天才的分析

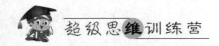

身后蹿了出来，用钢刀护住了法允。

　　周新一声令下，众捕快"嗖"地一齐抽出钢刀，将法允三人团团围住。法允知道再反抗也无济于事。只好让两个小和尚顺从。

　　周新把法允三人押回到按察院，经过审讯，法允交代了杀害秀华的经过。

　　原来，那天杨氏和秀华去龙音寺烧香时，被法允看见了。法允虽然是个出家人，但仍旧色字当头，看上了秀华。那天晚上，他派那两个小和尚去铁匠铺把秀华抢到寺里。法允将秀华蹂躏过后，怕人发现，就将秀华杀了。法允命小和尚将秀华的尸体埋在坑下，为了不被人发现，又在上面移植了一棵梧桐树。法允以为事情遮掩好了，但没想到还是被周新看穿了。

请问周新是如何发现秀华尸体埋在了树下呢？

参考答案

由于龙音寺位于山林之中，并且案发当天秀华又去过那里，所以周新早就盯上了龙音寺。他在寺庙周围看了看，没有任何发现，心里有些失望。正当他坐在树下喝茶，一片树叶掉到茶碗里时，他便从这细微的自然现象中看出了破绽。他再仔细一看，发现地上还有些许落叶，便判定这棵梧桐树是新移栽的。虽然当时已经立秋，但是，南方的秋天与北方的秋天不一样。此时正是树木茂盛之时，又怎么会有落叶呢？于是，周新命人挖开树坑，不出所料秀华的尸体真的埋在这里。

以信念抵御诱惑

【魔力信念】雪原上，一群狼凶煞地奔跑，很明显有几天没捕捉到猎物了。从镜头中，我们可以看出它们前进的速度在明显减慢，但从它们的目光中我们看不出它们存有放弃的念头。

一种魔力使它们冒雪而行。直到发现猎物，便拼命向猎物追去。一只狼追上并将猎物扑倒在地，后面的狼陆续跟了上来……

对！只要你有信念，坚定你的信念，然后付诸努力，一心寻找你所要的猎物，不被险境所困，不流连于途中的美景，相信你一定可以达到成功的彼岸的。

【信仰疗法】玛丽·贝克·艾迪是信仰疗法的创造人，她认为生命中只有疾病、愁苦和不幸。她的前任丈夫去世了，第二任丈夫又抛弃了她。她只有一个儿子，却由于贫病交加，不得不在儿子4岁那年就把孩子送走了。她无法得知儿子究竟被送到了哪里，在之后的31年间，她都没能见儿子一面。

艾迪身体较差，她对"信仰治疗法"感兴趣。在麻省的理安市，在她的生命中出现了戏剧化的转折点。

一个很冷的日子，她走路时突然摔倒在结冰的路面上，昏了过去。她的脊椎受伤了，她不停地痉挛，医生甚至认为她活不久。医生还说，能够活过来已经是上天的垂怜，想要再行走却几乎是不可能的事情了。

艾迪在病床上翻开《圣经》，读《圣经》的句子：有人用担架抬着一个瘫子到耶稣跟前，耶稣对瘫子说，放心吧，你的罪赦了……起来，拿你的褥子回家去吧。结果，那个人就站了起来，然后回家去了。正是耶稣的这几句话，让她产生了一种能够医治她的力量，使她"立刻下了床，开始行走"的信念力量。

她说："经验，像灵感的苹果，使我发现自己怎样好了起来，以及怎样也能使别人做到这一点……我可以很有信心地说：一切的原因就在你的思想，而一切的影响力都是心理现象。"

信念影响健康，甚至能影响一个人的事业。

成功者是怎样能始终如一、坚持不懈地全心投入到自己所从事的行业中的呢？是信念，信念的力量，是坚强的意志和强烈的信念，帮助他们取得成功。

对于中长跑来说，大家一直认为1.6千米，在4分钟内跑完是不可能的。1954年，有一个人做到了，他就是著名的中长跑名将——罗杰·班纳斯特。他实现了这个根本不可能实现的梦想，源于他在体能上的苦练，最关键的是他在精神上的突破。在他脑中深深地印刻下4分钟跑完1.6千米，长期就形成了强烈的信念，促使神经系统对任务必须完成的紧张感。

更加让人不敢相信的是，在班纳斯特打破纪录的第二年里，竟然有近400人也先后都达到了这项纪录。

奥格·曼狄诺指出："有了班纳斯特这样的信念，人就能够发挥无比的创造力了。"

坚定的信念可以为我们屏蔽诱惑，是我们成功的力量源泉。

【悬崖捡金】有一家大公司准备用高薪招聘小车司机一名。首先进行了技术的过关考试，在几十人中最后只剩下 3 名技术最优良的竞争者。

招聘官对于他们真的不好取舍，就设计了一道非技术类的题：问，"悬崖边有块金子，你们开着车去拿，觉得能距离悬崖多近而又不至于坠落呢？"

甲说："大约 2 米吧。"

乙很有把握地说："半米。"

丙说"对不起，我会尽量远离悬崖，愈远愈好。"

结果，丙被留了下来签订了聘用合同。

问题：对于诱惑，你会怎样选择？

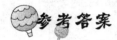参考答案

远离，离得越远越好。

思维小故事

他是摔死的吗

"我叔父在给外墙刷油漆的时候，不经意从梯子上摔了下来，就这样死了。"A 的侄子 B 对警察哽咽着说道。

"我觉得我叔父一定是站在墙上时想移动一下梯子，结果一不小心掉下来了。"B 指着地上留下的很明显的梯脚印说道。

"你撒谎！事实绝对不是这样的。"警察对周围进行了一番审视后

说道。

请问你知道他这么说的原因是什么吗?

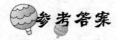参考答案

由于尸体的位置是在梯脚印与墙之间,按常识分析,如果真的是从梯子上掉下来的,不可能会在这个位置啊,应该是在梯子的外面。

跌倒了，怎么办

一只狼闯进猪圈。母猪为了保护自己的孩子，与狼进行了一场殊死搏斗，最后保护了每一个猪仔没受到损失。

猪圈里，满是猪和狼的脚印，而这头英雄的猪妈妈浑身是血迹，但它却依然精神焕发。我们都知道狼是不畏外来艰险的铁婆硬汉，它们能够克服我们都难以想象的困难，就算是遇上了失败，也会很快在跌倒的沼泽中迅速爬起来，在失败中总结教训，迎接下一次的胜利。

失败并不可怕，关键看我们是如何面对。主要看你是在失败后的选择，是放弃，还是从跌倒处迅速爬起，站稳脚步总结失败和跌倒的教训，寻找方法总结经验，去努力寻觅下一次的进步，慢慢向胜利逼近。失败在所难免，重要的是要从失败中得到可以继续前进的经验和教训。

失败，一方面让你陷入困境，而另一方面也会促使你警醒。我们需要利用好这把双刃剑，善于从失败后认真地思考对失败作出总结。

如果你将失败置之高阁，那么失败对你来说永远是不可逾越的雷池，这样的失败是没有价值的。总结失败是理性的对现实的回眸，是从感性上升到理性的必经的过程。

我们对失败的深入思考其实就是在智慧上的升华，才能在新的领域上开辟新空间。对于失败的认真分析也是一种特殊的实践性的收获。我们所做的一切就是要让自己做到不让同一块石头绊倒两次。

Once a thief, forever a thief? 做过一次贼就永远是贼吗？就连太阳也有黑子，人也不是完美无缺，失败是难免的。失败不要紧，关键是将这次失败作为下一次胜利的开始，只要你愿意从过去的失败中总结教训，那么胜利依然会在前方等着你。

问题：为什么说失败并不可怕，关键看什么？

超天才的分析

参考答案

失败并不可怕，关键看我们是如何面对失败。

超然，淡定

有一种美向外发散，这种美不依赖于话语，这种美叫做淡定从容。是一种睿智和涵养，一种境界，一种生活态度，是对生活感悟之后的超脱。淡定从容的境界，是我们需要用一生的努力去修炼的。

"大江东去，浪淘尽，千古风流人物。故垒西边，人道是，三国周郎赤壁。乱石穿空，惊涛拍岸，卷起千堆雪。江山如画，一时多少豪杰。遥想公瑾当年，小乔初嫁了，雄姿英发，羽扇纶巾，谈笑间，樯橹灰飞烟灭。故国神游，多情应笑我，早生华发。人生如梦，一樽还酹江月。"这是苏东坡在最落魄的时候写下的《念奴娇·赤壁怀古》。

苏东坡由于书法漂亮、工整、华丽，也受到过皇帝的恩宠和赏识而春风得意。但落难时苏东坡的书法歪歪倒倒，显得那样的笨拙，然而却成为中国书法作品中的极品。

苏东坡经历着从顶峰滑落到低谷的滋味。他摆脱了年轻时的得意忘形，卑微地孤独地在河边写出千古绝唱的诗句。当时他的朋友马梦得，不怕受到连累，帮苏轼夫妇申请了一块荒芜的旧营地使用。

这样的情况下，苏轼给此地取名"东坡"，并自称"东坡居士"。苏东坡这个名号就是这么来的，它在民间的影响可要比苏轼这个名字大多了！苏东坡夫妇就在那块地里开始种田写诗，他顿悟：我何必一定要在官场仕途中争名夺利？这块50亩的贫地正好位于黄州城东门外，何不在史上建个光明磊落的形象呢？在这种境况下，他写出了生命中最美的诗句。

自称为苏东坡后，苏轼的看法改变了。他的欣赏开始发生了转移，他那时候跑到黄州的夜市喝点酒，碰到一身刺青的壮汉，那个人就把他打倒在地，说："什么东西，你敢碰我！你不知道我在这里混得怎样？"打苏东坡的人显然不知道自己打的是谁，但是被打倒在地上的苏东坡顿时笑起来，回家写信给马梦得："自喜渐不为人知"。

苏东坡以前认为自己是才子，认为没有不认识他的。当时动不动就给人脸色看。现在落难了，他对生命有了另一层的感悟。在尝尽百味之后，只剩下淡定与超然了。

"淡"不是所有的人都能尝到的。这需要通过与天下所有美味进行对比才能品出，才会了解到"淡"的可贵。然后这种味道在你的心里才会永恒。

赛跑跑得快，是希望。跑不过别人就要继续努力锻炼，争取在速度和耐力上超越别人，如果经过了最大的努力，但仍与别人有很大差距，那么也要潇洒地承认差距。

从容淡定，意味着冷静的态度，遇到不公正、误解、委屈，不伤心，不怨天尤人，不自怨自艾。如果用温柔和微笑去化解矛盾，用淡然的心态面对得失，你会收获更多。

超然，你将会拥有从容的心境。如果因为你的出色，而受到周围同事的排挤，请不要"以毒攻毒""以怨报怨"，而应该用淡定从容的心态去面对。用你温和慈悲的眼神感化他，他就会自惭形秽。

问题：尝尽酸甜苦辣咸百味之后的东坡，你如何认识？

 参考答案

变得超然、淡定。意味着冷静，有了这种冷静的态度，遇到不公正、遇到误解、遇到委屈，就不会伤心，就不会怨天尤人，更不会自怨自艾。如果用温柔和微笑去化解矛盾，用淡然的心态面对得失，你会收获更多。

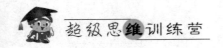

思维小故事

谁最先发现炮弹

一个荒无人烟的野林里，埋伏着我军的一支小分队。忽然间一颗炮弹打了过来，战斗开始了……战斗结束后，新兵们开始议论纷纷。

A 说："最早发现炮弹的是我，我先听到了炮弹飞过来的声音。"

B 争议道："明明是我最先发现的，我亲眼看到炮弹落在地上爆炸了。"

C连忙说道："我看到了炮弹爆炸后的光焰，所以应该是我最先发现它的。"

请问在这3位新兵之中到底是谁最先发现的炮弹？

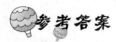

首先发现的是C，然后B才发现，A是最后一个发现的。

原因是由于光的速度最快高达每秒30万千米，可以说是刚刚开炮的那一刻就可以看到；炮弹打到地面上要花费时间；在听到传来的声音时实际上炮弹已经打过去了。所以C是最先发现炮弹的。

关注细节，避免因小失大

【镜头聚集】烈日下，一只黄羊在慢慢地行走，狼盯上了它，但是并没有行动。夜幕降临后，黄羊找到背风草厚的地方准备睡觉，狼仍然没有动静。

继续观察，狼一夜没动静，很奇怪！第二天天蒙蒙亮，黄羊醒了，站了起来，由于憋尿要撒，这时，狼迅速冲上去，猛追，黄羊来不及尿尿就逃跑，没多远突然黄羊后腿抽筋般倒在了地上，狼轻易地得到了美餐。

【细节回放】狼知道夜间黄羊虽然睡下了，但它的鼻子和耳朵却没有睡着，听到有动静会逃跑。狼等待时机，在次日黄羊解决憋尿的时候进攻，黄羊在跑的过程中是尿不出来，这样跑不了多远尿泡就会被颠破，导致后腿抽筋，跑不动，于是成了狼的口中餐了。狼的成功捕获，归功于它针对黄羊吃得太饱，又憋了一夜尿无法快跑的细节而攻击取胜。

奔跑健将黄羊命丧于致命的细节。人生也如此。生活中的细枝末节，往往最能体现人心灵深处的意志和自身的修养，而这种心灵深处的东西将会决定人生的抉择和命运。

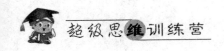

现实社会中，我们都知道细节，决定成败甚至可以说决定一个人的命运。

【输在哪】英国国王理查三世和公爵亨利准备决一死战，这场决斗将决定由谁来统治英国。决斗进行的当天早上，理查三世派了一个马夫，令他备好自己最喜欢的战马。

"快点给它钉上铁蹄！"马夫对铁匠说："国王希望骑着它打头阵。"

铁匠回答："那你得等。前几天我把其他的马全都钉了铁蹄，现在没有铁片了，我得再去找一些来才行。"马夫不耐烦地吼道："我等不及了！"

铁匠只好埋头干活。他用一根铁条做了4个铁蹄，把它们敲平、整形，固定在马蹄上后开始钉钉子。钉了3根铁蹄后，铁匠发现没有足够的钉子钉第四个铁蹄，他原本准备再制作一根钉子，但由于马夫不断催促，铁匠只好暂时将铁蹄挂在马蹄下。

两军交锋之际，理查国王冲锋陷阵，指挥士兵迎战。他看见在战场另一头的几个士兵退却了，心想别人看见他们这样也会后退，所以他快速冲向那个缺口，召唤士兵调头战斗。

没料到，当未走到一半时，坐骑脚上挂着的铁蹄便掉了，战马跌翻在地，他也被摔在地上。

理查国王还没来得及抓住缰绳，他的战马跳起来逃走了。他发现他的士兵转身撤退，亨利的军队已包围了上来。他在空中挥舞宝剑，气急败坏地喊道："都是那匹马！我的国家倾覆，是因为这一匹马！"

少一铁蹄，丢匹战马；少了匹战马，败场战役；败场战役，失了国家。关注细节，是作为首领所必备的行为特质之一。我们作为普通的学生，做事也不要忽视你认为不重要的事情，很多大人物就是因为在小事情上的疏失，才造成了千古的遗憾。许多细微的小事，尽管平时看起来毫不起眼，但它们往往是决定事情成败的关键。因此，在学习中，我们要刻意地注意细微处，避免因小失大。

细微之处见精神。粗心大意是我们做学问的大忌，如我们写作文时，经常有错别字出现，就是再有创意也不会得到高的分数。作数学题计算再精确但是正负号看混了，结果也肯定是错的。

我们发现考试中，在很大程度上已经体现在细节的较量上。细节影响品质，细节体现品位，细节显示差异，细节决定成败。如果我们可以把小事做精，把细节做透，那么，即使是一件小事也能助你成就大业，一个细节就能造就完美。

问题：理查国王在统治英国的决战中惨败，说明了什么？

**参考答案**

少了一个铁蹄，丢了一匹战马；少了一匹战马，败了一场战役；败了一场战役，失了整个国家。说明了关注细节的重要性。

思维小故事

水从何处来

在一片虚幻着热气的沙漠里，一辆越野车正在快速地奔驰着。车里坐的是加里森和敢死队中的部分队员，还有他们获捕的一名德国将军。由于这位德国将军知道许多军事上的秘密，加里森和队员们不得不赶紧越过沙漠，以最快的速度把他送回到自己的情报局去。

沙漠地区的天气十分炎热，车上的水也都喝完了，那位德国将军又受了伤，再加上赶路的劳累，突然间昏厥了过去，在迷茫之际还在念叨："水……喝水……我要喝水……"

加里森无奈地说道："要是我们还是发现不到水源，他可能就要死了。"

队员们也严重脱水了，吃力地纷纷说道："哼？怎么可能还会有水！水全都已经喝完了。"

— 41 —

这可给加里森出了难题，他很困惑，想了想，忽然说道："其实我们还有水！虽然有些难喝，但总还算是水。"他停下了车，找出了一些水让德国将军喝了下去。

事实上沙漠里是一滴水也没有的，然而水是从哪儿找来的？

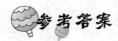参考答案

水是这么来的，越野车依然能够在沙漠中行驶着，就说明水箱里还有水。只不过由于水箱中有层层水垢，水会有些难以下咽，但毕竟它可以使那位德国将军活下来。

欲速则不达

　　狮子在捕捉猎物时，总是先一步一步地慢慢靠近目标，然后发起突然攻击。对于我们人类实现终极目标道理也是一样的。

　　【欲速则不达】子夏是孔子的学生。有一年，子夏被派到莒父（现在的山东省莒县境内）去做地方官。临走之前，他专门去拜望老师，向孔子请教说："请问，怎样才能治理好一个地方呢？"

　　孔子十分热情地对子夏说："治理地方，是一件十分复杂的事。可是，只要抓住了根本，也就很简单了。"

　　孔子向子夏交代了应注意的一些事后，又再三嘱咐说："无欲速，无见小利。欲速，则不达；见小利，则大事不成。"

　　这段话的意思是：做事不要单纯追求速度，不要贪图小利。单纯追求速度，不讲效果，反而达不到目的；只顾眼前小利，不讲长远利益，那就什么大事也做不成。子夏表示一定要按照老师的教导去做，就告别孔子上任去了。

　　【贪小失大】有一位老果农已是癌症末期，知道自己不久于人世。一日，他说要验收两个儿子在他养病期间栽种水蜜桃的成品，借此决定遗产分配的比例。

　　大儿子秉性忠良温厚，做事光明磊落，脚踏实地，精挑细选了不大不小却色泽漂亮，坚实饱满，整整一箩筐的水蜜桃；小儿子向来好动，有些好高骛远，尽挑硕大，甚至略呈烂熟的水蜜桃，装盛得像一座小山。

　　两兄弟开心地要把水蜜桃运下山，弟弟超载的水蜜桃不堪山路颠簸，倾覆而全毁；反观哥哥则是一路安稳，把水蜜桃完整地呈献给父亲，因此获信任，分得六成的田地。

　　故事的道理和智慧，用在任何一个人身上，都是受益无穷的法则，对我们每一位同学来说，更是要时时惕励。

我们想到了孔子的名言："无欲速，无见小利。欲速，则不达，见小利，则大事不成。"人做事眼光要远一点，不仅要看到近期的得失，还要看到长远的影响。目光太短浅，有时是要命的缺点。

所以，要从小事做起，认真地做好每一件事，这样，机会总会有一天突然就来到你的身边。值日的每一天都主动承担打扫卫生、整理教室等具体琐事，认真听好每一课，不无故旷课。正是这些看似不起眼的日常小事，能让人看出你的品质和精神。

问题：孔子向子夏交代了应注意的一些事后，又再三嘱咐他什么？

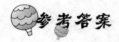参考答案

"无欲速，无见小利。欲速，则不达；见小利，则大事不成。"

思维小故事

新郎之死

早在清朝年间，远在南方的一个农村里，有一对新婚中的小夫妻，他们十分恩爱，男的叫李二保，女的叫小凤。7月的一天，李二保正在田里干活，不料下起了大雨，被雨淋透了全身，大病了一场。这一病就是3天，这期间从未进食，滴水未沾，新婚的妻子小凤一直在他身边细心地照顾着他，看着丈夫一直这样昏迷不醒，不禁心疼地掉下了眼泪。

大病后的第四天清早，李二保醒了，从床上坐起了身，活动了一下，感到轻松了许多，他心里还在惦记着田里的活儿没有干完，便对妻子说："娘子啊，去煮点粥吧，我一会想去田里，活还没有干完呢，吃完了好赶紧下田。"

妻子不忍心看着丈夫刚刚病好就去下田，硬是不让丈夫去，可李二保说什么也不肯，就是要去。没有办法，小凤只好做了粥，又炒了一碟鸡蛋。李二保喝了一口粥，看着这大油的鸡蛋立马就变了脸色，貌似不太想吃。

细心的小凤看了出来，说道："不想吃鸡蛋的话，就在粥中加些蜂蜜吧，一定开胃！"

说完，小凤便从门前的蜂箱中舀了些黏香的蜂蜜，倒进了丈夫的碗里，和粥搅拌了一起。李二保顿时感到真的很开胃，呼噜呼噜吃了起来。

吃完早饭后，李二保就朝田里走去，准备下地干活。可是还没等他走到田头，就突然觉得腹痛难忍，晕了过去。

等到小凤听到丈夫出事急忙赶来时，李二保已经死了。

很快，事情就传到了县衙那里，大家都说是小凤害死了自己的丈夫，县令于忠闻讯后马上赶到了现场。当县令赶到时，小凤正哭得悲痛失声，看样子，不太可能是她谋害了自己的丈夫。县令上前问道："小凤，你可记得今天早饭你丈夫吃了些什么？"

"回大人，就只吃了碗粥而已。"

"你吃的什么粥？""我和丈夫吃的是同样的。"

于忠觉得很奇怪，怎么回事，夫妻俩一同吃的同种食物为何会妻子没事丈夫却出事了呢？他想了想，又问道："那吃的菜也是一样的吗？"

小凤回忆了一下，突然说道："不是，他的粥中拌了蜂蜜，我吃的是鸡蛋。"

蜂蜜？食下蜂蜜怎能置人于死地呢？于忠百思不得其解，来回思量着。他走到了山坡，突然停下了脚步。山坡上虽是绿色遍野，但各色的鲜花已不如前些时那样繁盛了，只有断肠草花、野百合花、醉鱼草花在盛开。于忠忽然想到了些什么，便立即下令回府。他翻看了《本草纲目》后，立即宣判小凤无罪，随后贴发出了一条通知：7月禁止放蜂。

请问这位于县令为何判定小凤是无罪的呢？

参考答案

　　答案就在蜂蜜里，于忠在山坡上看到的断肠草花、野百合花、醉鱼草花都是些花粉有毒的花草。他不禁想到了蜜蜂，现在正是无毒花源短缺期，蜜蜂为了饱肚生存，只能采集这些有毒的花粉。所以酿出的蜂蜜自然也会有毒。他又翻看了《本草纲目》，其中有一篇记载道："七月勿食生蜜。"于忠恍然大悟，原来李二保是因为食下了有毒的蜂蜜而死。

甘当配角

伟大的诗人歌德曾经说过：要想使别人认可你的价值，你得首先为别人创造价值。与人相处，要多顾念别人的事。竭力为别人着想，在他人遇到困难的时候帮助别人。

【地狱和天堂】一个将死之人在临终前，先被带去参观天堂和地狱，以便比较之后，能聪明地选择好他的归属。他先去看了魔鬼掌管的地狱。第一眼看去令人十分吃惊，因为所有人都坐在酒桌旁，桌上摆满了各种佳肴，包括肉、水果、蔬菜。

然而，当他仔细看那些人时，却发现其中没有一张笑脸，当然更没有伴随盛宴的音乐或狂欢的迹象。坐在桌子旁边的人看起来都很沉闷，无精打采，而且瘦得皮包骨头。他们每个人的左臂都捆着一把叉，右臂捆着一把刀，刀和叉都有 4 尺长的把手，使它们不能用来吃。所以，他们没有办法吃到就在自己手边的食物，只能一直挨饿。

接着，这个人又被带去了天堂。天堂的景象和地狱的几乎一模一样——同样的食物、刀、叉与那些 4 尺长的把手。然而，天堂里的居民却都在唱歌、欢笑。这位参观者困惑了。

他不明白为什么情况相同，结果却如此不同。在地狱里的人不仅挨饿而且可怜，可是天堂里的人却吃得很好而且很快乐。很快地，他看到了答案。

在地狱里的每一个人都试图把食物送进自己的嘴里，他们当然吃不到任何东西，而在天堂里的每一个人都在喂对面的人，而且也被对面的人所喂。正是因为天堂里的人愿意帮助别人，结果最后也让自己获得了帮助。

配角意识很重要，红花总需绿叶衬，这个世界不可能所有的人都是鲜艳的红花。任何一个集体都是一个整体，为了整体的利益，就要有做出牺牲的，要委屈自己作为配角去支持主角，从而完成整体的任务和维护整体

超天才的分析

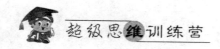

的利益。要学会让自己"吃亏"别人占便宜。这是一种包容的胸怀，为今后成就大的事业做好心态的奠基。我们每个人在为别人搭梯子的同时也在为自己搭一条通向成功的阶梯。

【石油大王】约翰·D. 洛克菲勒（John D. Rockefeller, 1839.7. 8 — 1937.5.23）美国实业家、超级资本家，美孚石油公司（标准石油）创始人。1858 年以 800 美元的积蓄加上从父亲那里以一分利借来的 1000 美元同克拉克合伙成立了克拉克—洛克菲勒公司，他曾说："我相信，为别人提供有用的服务是全人类的共同责任，而且，唯有牺牲奉献的火焰才能炼净心中的自私，且使人类灵魂中的伟大得以释放。"

搬开别人脚下的绊脚石，很多时候恰恰是为自己铺路。如果每个人都能在别人遇到困难时将援手伸出去，那么当自己遇到困难时，一定会有无数只援手伸过来。在某种程度上，帮助了别人就是在帮助自己。

生活中如此，学习中也是如此。美国著名的思想家爱默生说，人生最美丽的补偿之一，就是人们真诚地帮助别人之后，同时也帮助了自己。当我们在伙伴遇到困难后，全力去帮助解决，你得到的是在知识上的熟练度的提高和为帮助了别人而取得的愉悦的成就感。

比如我们国家在汶川大地震后，全国人民都伸出了援助之手，使得汶川的同胞们迅速重建家园。当某一天，你身陷低潮的时候，同样会有很多双手伸出来，拉你一把。

古语言，自助者，天助之；助人者，人助之。请同学们记住：只有善于施恩者，美德的传播才会不绝如缕；只有付出真诚，才能得到真诚；只有真诚，才能更好地诠释出更有价值、更有意义的人生。

问题：在一个集体中，我们为了整体的利益，有时就要做出牺牲，要委屈自己，要学会"吃亏"和包容，如果用主角和配角来形容，这是什么？

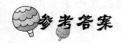参考答案

配角。

思维小故事

杀人的毒蝎

故事发生在清朝，某县有一个叫李原的小商贩，他家中有一位年迈的母亲和一位漂亮的妻子。就在一年夏天，李原出外做生意而发了财，兴高采烈地回到家中。为了犒劳丈夫，妻子秀花杀鸡备酒，全家人围坐在葡萄架下一起吃晚饭。

饭饱过后，秀花看见丈夫日日操劳，人都瘦了一圈，便心疼地催他早点歇息，谁知李原刚刚躺下，就在床上翻滚着直喊肚子疼，折腾了一会儿后竟然断了气。

看着这般情景，秀花一下抱起丈夫，痛心欲绝地号啕大哭。

旁人看到便立即到县衙里通知了官府。县令闻讯后急忙带人来到李家检验了尸体，判断出李原是因中毒而死，在盘问了秀花和丈夫的晚饭情况后，县令怀疑是秀花背着丈夫与人私通怕被发现，就在丈夫回来吃饭时趁机下毒谋害亲夫。随后，便把秀花押到了县衙。县令升堂审案。

"你是否与人私通？"

"小女乃良家女子，不曾与任何人私通！"

"那你是如何害死李原的呢？"

"我与李原夫妻关系甚好，怎么能下此毒手呢？"

"我看不用严刑你是不会招的，来人，大刑侍候！"

于是，秀花被按在大堂上，打得皮开肉绽。

她实在受刑不过，只得含冤喊道："我招，我招！"

县令松了口气，又问道："你与何人私通？"

"与李原的堂弟李朋私通。"

"你是如何害死李原的?"

"我在酒中下了砒霜。"

县令又派人把李朋抓来,也严刑逼供,使李朋也被屈打成招。

就这样,秀花和李朋被定了死罪。在刑场上时,秀花含冤悔恨,不仅自己要含冤行刑,还连累了无辜的李朋,行刑的前一刻,后悔招供的她不顾一切地口呼"冤枉!"可是这又有什么用呢,她和李朋还是被砍了头。

他们死后,亲朋好友纷纷递状上告,为他们鸣冤叫屈。

有一天,一个清瘦的老头儿来到李原家。

老头儿想要讨口水喝,便向李原的母亲问道:"你们家的事儿弄得整个县城家喻户晓,可有个问题我一直没有明白,不知您能不能回答?"

"请说吧!既然人都已经去了,还有什么可顾忌的呢!"

"就是,您儿子死的那天,是你们一家三口一起吃的饭,可为什么只有您儿子死了呢?"

"其实我也一直很不解。在儿子死后,我也想随儿子去了。在得知是儿媳妇在酒中下毒后,就把剩下的半瓶酒喝了下去,奇怪的是,竟然没有任何反应!"

老头儿思量了一下,又询问道:"您还记得那晚的晚饭是吃的什么吗?"

"煮的米饭!"

"那菜呢?"

"有鸡……"老太婆突然间恍悟到:"对了,是鸡,只有我儿子吃了鸡。"

"怎么回事?"

"正好那天是我和媳妇的忌口日,我们婆媳俩只好就吃了一些素菜,整个一只鸡都让我儿子一人吃了。"

"噢……"老头儿好像想到了什么,便忙忙告辞而去。

过了一会,那个老头儿换了一身行头又来到李家。

其实,他是巡抚寇安。他在接到百姓的诉状后,便来到李家微服私访，暗中查询。

"拿上来！"寇安命人端上来一了一盘热气扑香的炖鸡。

来到了葡萄架下，放下了盘子，更是香气扑鼻，令人垂涎三尺。

寇安在一旁静静地坐着，没有人知道他要干什么。

忽然，葡萄架上飘下了一缕不易被肉眼察觉的细丝，直落到盛鸡的盘子里。寇安这时才站起身来，用筷子撕下一块鸡肉，扔到了地上。李家那条看门狗猛扑上来，把鸡肉吃掉了，不一会儿就倒地毙命了。

"这个昏官，竟误判冤情害人性命！"寇安显得那样痛愤剜心。

可以看出，寇安已经查明了秀花是无辜的，与李朋二人含冤而死。并知道了李原是为何突然暴毙的。你明白此案的原委吗？

参考答案

在寇安命人把葡萄架拆毁后，在架子上捉住了一只巨大的毒蝎，它就是害死李原的罪魁祸首。原来，那日李原一家在葡萄架下吃饭，鸡的香味引落下来一缕细丝，那是毒蝎的唾液，唾液掉到了鸡上，李原吃了鸡，随后便中毒身亡。

补蚁穴，以护千里之堤

【千里之堤，溃于蚁穴】相传很久很久以前，在临近河岸边，有一个村庄，为了防止水患，农民们筑起了巍峨的长堤。一天，有个老农发现堤上蚂蚁窝一下子猛增了许多。

老农心想：这些蚂蚁窝会不会影响大堤的安全呢？他要回村去报告，路上遇见了他的儿子。儿子听后不以为然地说：那么坚固的大堤，还害怕几只小小蚂蚁吗？便没有理会，拉着老农一起下田了。

过了一些日子，有一天晚上电闪雷鸣，风雨交加，河水暴涨……咆哮的河水从蚂蚁窝始而渗透，继而喷射，最终冲决长堤，淹没了沿岸的大片村庄和田野。这就是"千里之堤，溃于蚁穴"的来历。

"小洞不补，大洞吃苦"，人们在生活中会遇到各式各样的"小洞"，如果不及时发现，立刻补救，一旦这些"小洞"变成"大洞"，那么后果是不堪设想的。这也就是我们平时说的"勿以善小而不为，勿以恶小而为之"，坏习惯一旦养成，必将带进自己做事做人的行动中，将会影响我们一生的。

所以在平常的生活学习过程中，我们要重视弥补小漏洞，及时地将危险扼杀于摇篮之中。除此之外，我们还必须不断学习，让自己的羽翼更加丰满，充实自己，完善自己，才能去迎接更多更强的挑战。

【短板理论】盛水的木桶是由许多块木板箍成的，一只木桶的盛水量也是由这些木板共同决定的，不取决于木桶中最长的木板，若其中一块木板很短，其容水量也会因它而改变。可见起关键作用的是最短的那块木板。

这块短板就成了这个木桶盛水量的"限制因素"（或称"短板效应"）。若要使此木桶盛水量增加，只有换掉短板或将短板加长才成。

人何尝不是如此，一个小缺点或不足也许就会葬送你的事业乃至一生。有些人自以为只要自己拥有某项如"长板"的优点就高枕无忧，却从未想过要补一补自己最"短板"的不足。

我们应该时刻铭记"千里之堤，溃于蚁穴"的古训。不宽容自己的任何一个错误，逐渐改掉它并不断地自我完善，不要使自己成为那只失败的"木桶"！

在学习上，我们经常会遇见一些我们经常出现错误的地方，那就是你学习中的"短板"。找到了短板就需要我们不断地学习来增加板的长度，这样才能使我们人生的木桶能容纳更多的智慧之水。

金无足赤，人无完人。我们每个人都不是生下来就完美无缺的，随着我们不断的成长，接触的范围不断拓展，总有自己做得不够的地方。我们要有活到老学到老的精神，只有在学习的过程中不断充实自己，才能弥补曾经的不足，不断增加"短木板"的长度，才能保证自己跟得上社会进步的时代潮流。努力学习一步一个脚印，失败并不可怕，要学会在每一次的失败中吸取教训，迅速调整状态，找出失败的最关键所在，不断地加以整合学习，不断地努力付出以勤补拙，将自己的"短板"不断地加长，来装越来越多的水，从而使自己到达成功的彼岸。

问题："小洞不补，大洞吃苦"给你什么启示？

参考答案

要重视弥补小漏洞。

思维小故事

会叫的长颈鹿

动物园还没有开门，"人海"就已经挤满了售票处。人们似乎都迫不及待地想要进去，周围纷纷议论："你带吃的了吗？我一会儿还想亲手来喂它吃东西呢。""赶紧再查看一下相机，一会还要和它们合影呢！"

原来，野生动物园最近来了两个"大明星"，它们一起从非洲而来，一只是有着大长鼻子的大象，另一只是有着长长脖子的长颈鹿。

动物园大门一打开，游客们立刻蜂拥而进。快看，大象扇着两只大耳朵，那4只像柱子一样的大粗腿，正在园中悠闲地溜达着。栏杆外，游客们正拿着吃的在喂大象。饲养员看见了这一举动，马上上前制止了，在检查食物没有掺杂不干净的东西后，才让游客们继续喂给大象吃。在另一个园子，长颈鹿昂着头显得是那样的高高在上，它撸着大树上的叶子，津津有味地吃着，随后饲养员还喂它吃下预防疾病的药。

大约在晚上7点钟的时候，动物园准备关门了，游客们都纷纷往门口走去。就在这个时候，有个中年人找到保安人员，气喘吁吁地说："我看见有个人倒在草地上！"保安连忙跑过去。发现是饲养员晕倒在了草地上，凑近时发现已经死了。

保安问男子："你看见凶手了吗？"那人说："没有，我刚才正往门口走，路过这里的时候，忽然听到长颈鹿很响地叫了一声，我预感到可能出了事，就赶紧跑过去，果然发现……"

保安一把抓住男子说："其实，你就是凶手！"

请问，保安是根据什么判定出他就是凶手的呢？

 参考答案

　　由于长颈鹿从一出生就不会发声，所以它根本就不会叫，而凶手为了洗脱嫌疑，而制造假象，胡编乱造，说听到了长颈鹿的叫声，这才使嫌疑人露出了破绽。

超天才的分析

用 心

认识这个世界要靠眼睛，但很多时候，眼见的不一定是真实的，这时还需要用耳朵去聆听。还有一种境界，需要我们用心去感受，才能感受到世界存在的真实。

【盲狼捕食】一匹失去视力的狼，也能捕食，你能想象到它是依靠什么吗？对，它用听力来捕猎的。它练就了敏捷的听力本领比视力健全的狼更出色。草原上，一只狼竖起耳朵，用心地察觉丝毫动静。

忽然，一只小兔子从草丛掠过，只见这只狼纵身一跃，神奇地靠着它的耳朵将这只兔子抓住了。

可见，认识世界不仅要靠眼睛，还需要用耳朵去聆听。当然，最重要的，你要学会用你的心和眼去感受这个世界。

【触摸春天】邻居的小孩安静是个盲童。

春天来了，小区的绿地上花繁叶茂。桃花开了，月季花开了，浓郁的花香吸引着安静。这个小女孩整天在花香中流连。

早晨，我在绿地里面的小径上做操，安静在花丛中穿梭。她走得很流畅，没有一点儿磕磕绊绊。安静在一株月季花前停下来。她慢慢地伸出双手，在花香的引导下，极其准确地伸向一朵沾着露珠的月季花。我几乎要喊出声来了，因为那朵月季花上，正停着一只花蝴蝶。

安静的手指悄然合拢，竟然拢住了那只蝴蝶，真是一个奇迹！睁着眼睛的蝴蝶被这个盲女孩神奇的灵性抓住了。蝴蝶在她的手指间扑腾，安静的脸上充满了惊讶。这是一次全新的经历，安静的心灵来到了一个她完全没有体验过的地方。

我静静地站在一旁，看着安静。我仿佛看见了她多姿多彩的内心世界，一瞬间，我被深深地感动着。

在春天的深处，安静细细地感受着春光。许久，她张开手指，蝴蝶扑闪着翅膀飞走了，安静仰起头来张望。此刻安静的心上，一定划过一条美丽的弧线，蝴蝶在她 8 岁的人生划过一条极其优美的曲线，述说着飞翔的概念。

我没有惊动安静。谁都有生活的权利，谁都可以创造一个属于自己的缤纷的世界。在这个清香袅袅的早晨，安静告诉我这样的道理。

问题：1. "我仿佛看见了她多姿多彩的内心世界"，试想一下，这时安静的心里在想什么？

2. 你从"许久，她张开手指，蝴蝶扑闪着翅膀飞走了，安静仰起头来张望"中的"张望"体会到了什么？

3. 安静是个盲童，但为什么能够抓住蝴蝶？

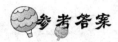 参考答案

1. 想着多彩的世界，想着春天的美丽。
2. 对光明的渴望。
3. 因为黑暗带不走童心对世界的好奇。

思维小故事

沉入水中的棉花

"卖蒸薯喽，香甜可口，包你好吃！" "想要买本地特产的请到这边来！" 在一个旅游景点旁边，有一条商品一条街，在这里卖什么的都有，摊位上的老板们全都扯着嗓门，大声地吆喝着，等待着游客们买他们的东西。

街上有一家扇子店，方老板今天赚了不少钱，数着手中的成沓钞票，

真个不亦乐乎。下午来了一个旅游团，那些外国游客看到画着《西游记》图案的折扇，看着上面画的活灵活现的孙悟空，不禁哈哈大笑起来。他们一个个抢着买，把方老板摊位上的扇子全买了去，方老板见这架势真后悔没有多进一点货，于是，他决定连夜去进货，想着明天还能再大赚一笔，有源源不断的钱进入他的口袋。

　　可方老板万万没有想到，他已经活不过今晚了。夜色刚落，他听到有人敲门，赶紧一边把钱塞进抽屉，一边问："是谁啊？"他听到一个熟悉的声音："是我呀！"他这才放心地去开了门。那人进来以后，和方老板闲聊了几句后，突然间从怀中掏出了一团白色物品，捂住了方老板的嘴……

　　第二天早上，人们发现了方老板的尸体，他的嘴里塞着一大团棉花。

王探长勘查现场以后，觉得应该是熟人下的手，凶手骗开门，用沾过麻醉药的棉花，捂住方老板的口鼻，使他昏迷后窒息死亡。

调查时，王探长搜遍了扇子铺，没有发现一丝棉花，他经过进一步调查，才得知这条街上有两家店是卖棉花的，一家是棉花店，卖做棉衣的棉花，另一家是药店，卖的是医用脱脂棉。这两家店的老板都和方老板很熟，并且都没有不在现场的证明。那么，在这两位棉花老板中究竟哪个更有犯罪嫌疑呢？王探长看着这团棉花，想出了办法。

王探长对棉花团做了个简单快速的试验，马上推测出谁是犯罪嫌疑人。请问，他用的是什么办法呢？

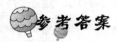 参考答案

方法就是王探长把棉花放进了水里，一般的棉花上面会有油脂，从而漂浮在水面，而医用棉花经过脱脂加工，会大量吸收水分，从而沉入水底。试验完成后，他看到棉花沉到了水底下，很显然，犯罪嫌疑人就是药店的那个老板。

手脑并用，心口合一

明朝著名文学家张溥，字天如，太仓人。他的伯父是张辅之，身为南京的工部尚书。

张溥小时候很爱学习，读书的话必定用手抄上一遍，抄完以后朗诵，然后烧掉，接着又抄，就这样反复六七次才完成，以至于他右手握笔管手指和掌心都磨出了老茧，冬天手都冻得皲裂了，他就用水泡几次。所以后世称他读书的房间为"七录"，原因正是为此。

张溥做诗和写文章非常快。各方来索取的，不用起草，在客人面前挥

笔，马上就完成。因为这样，所以他的名声在当时很高。他与同乡里的张采齐名，号称"娄东二张"。

美国著名哲学家爱默生说，灵感就像天空的小鸟，不知何时，它会突然飞来停在树上。你稍不留意，它又飞走了。他强调了对灵感的及时捕捉，最好是用笔记下来。著名的科学家，他们身边总是带着小本子的，他们在散步或睡觉时，突然想到了一个点子，会马上拿出纸与笔，记录下来。回到办公室或实验室进行研究和实验。

南京有一个策划专家，为了掌握随时可能出现的创意，就随身携带了一沓明信片，上面均已填写了自己的地址。不论何时何地，只要有好的构想或听到别人说的趣事，他就立刻写在明信片上，然后寄给自己。这些时断时续的明信片使他积累了大量的素材，他无数次高绩效的策划里都有这些素材的影子。

我们学生也应该养成记笔记的好习惯，一方面能够促进我们加深理解和巩固所学的基础知识，另一方面又能增强我们分析问题和解决问题的能力。因此，让我们养成记笔记的好习惯，实现手脑并用，心口手的合一。

记笔记主要从以下几个方面入手：

一、记基础知识。现代课堂教学，许多教师板书的内容太少，缺乏条理性，这样不利于学生学习。在每一节课上，老师都有条理地把这节课的基础知识要点板书在黑板上，我们要认真地记在笔记本上。这样我们所学的基础知识具有条理性，便于理解和掌握。

二、写实验报告。小学生比较喜欢做科学小实验，通过实验有获得知识的成就感。但是做完实验后，就应及时写出实验报告。这样的实验报告，不只是简单地记录实验过程和结果，而是我们进一步认识和分析实验的过程，也是更深入地思考实验获得的结果的过程。在此基础上，我们写出有条理的内容深刻的实验报告。这样写实验报告的过程，既是知识总结的过程，又是学习能力提高的过程。

三、写学习心得。在科学知识学习的过程中，我们会有遇到许多困难而产生的畏惧和困惑，也有克服困难后的成功喜悦。所有这些，我们都如实地记录下来，从中显示我们认知能力发展的规律以及我们身心健康发展的轨迹。也能改进教师的课堂教学，来适应我们的认知水平和身心发展的要求。

四、写科学小论文。要求我们对科学课本的基础知识有深入的了解，也要求我们善于对生活中的一些现象和问题进行分析和研究，做一个细心的人和有发现的人。我们通过观察思考，得出属于自己的成果，记录自己的发现，这样就是一篇不错的科学小论文。久而久之，我们的科学研究能力越来越强，写科学小论文的水平越来越高。

我们应该从实际出发，严格要求自己，并持之以恒地记笔记，养成记笔记的好习惯。养成记笔记的好习惯，还有许多益处，不但可以训练创造力，而且在日后寻找组合素材时，也会为自己节省不少的时间。

问题：南京策划专家的无数次高绩效的策划，掌握随时可能出现的创意，积累了大量的素材，灵感源于什么？

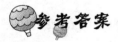参考答案

携带了一沓明信片，上面均已填写了自己的地址，随时捕捉记录创意和灵感的影子。

思维小故事

不能捧起的黄磷

在王沟村里，有一户大院子，院子里有两间房子，分别住着哥哥吕涛和弟弟吕波。有一天，吕波发现哥哥吕涛出去了好几天还没有回家，不禁

担心了起来，于是便撬开了哥哥屋的门锁，刚一进门，就令吕涛大吃一惊，地上都是血迹。见此，他赶紧向派出所报了案。

警察立刻赶到了现场，通过一番勘查，发现吕涛住的屋子门窗都完好无损，抽屉里存放的几千元现金，还有存折财物等都还在。床上有两个枕头，在床单上发现了几根女人的长发。角落处都有滴落的血迹。桌子和床头柜上分别放着两张字条。其中一张写道："昨天晚上回家后，反复琢磨下午的事，事情发展到了现在这个地步，真的让我不知如何是好，我该怎么办？你明知道让我忘掉你是不可能的，因为我爱你！"还有一张写着："一切都还来得及，只要你能回头，还能够改正。"从现场的情况来看，初步断定应该是情杀。于是警察开始调查，了解到有一位女子曾经与吕涛关系一直十分密切，可通过更加深入的调查，警察们排除了情杀的可能。就在那天晚上，又有人来报案，说在村内一口一米左右深的水井中发现了一具尸体，警察们马上赶过来打捞，尸体被捞上来，发现死者正是吕涛本人。

案子开始陷入了困境，但警察们却发现了一个怪现象，前来打探消息的村民突然一下子多了起来，一位很有经验的老警察便灵机一动，很有耐心地对来打探消息的村民说："案子很快就会破的，因为我们在搜集时发现了现场留有的可疑指纹，判定这应该就是犯罪分子作案时留下的指纹。"原来他这么说就是想引出罪犯，以此来观察嫌疑人的反应，好尽快寻找破案线索。

很快，警察们发现在众多打探消息的人中，有一个叫刘兴国的人显得特别关心，警察便开始注意上了他。经过了一番调查，得知他是县磷肥厂的工人。还没等警察们带他前来询问时，警察们就得到了一条消息，说刘兴国突然去大连住进了医院。警察立刻赶到县磷肥厂，从工伤事故报告单上查到：刘兴国被黄磷烧伤，其人自述：上班时无意经过了那个操作车间，发现有一块黄磷正在冒烟，事出突然，影响可大可小，便赶紧用手抓起想收回桶中，不料却烧伤了双手。通过慎重考虑，警察决定立刻搜查刘兴国的家，在搜查时发现了刘兴国有一双鞋的鞋底印有血迹，通过鉴定查出这就是吕涛的血。于是，警察便将刘兴国逮捕拘留。

　　经过一番审讯，刘兴国说出了实情：原来刘兴国马上要结婚了，但这需要钱，刘兴国便想到了谋财害命，刘国庆选择了目标吕涛，将他杀害后，为了毁灭证据，便将吕涛的尸体扔到了井中。事发后他感到很害怕，慌张得竟然忘了窃走吕涛的财物，就仓皇逃回了家中，当那天前去打听情况时，听见了一位警察说查到一个可疑的指纹后，怕迟早会查到他的头上，便赶紧回到家中从水桶中捞出了一块黄磷，用手使劲地抓，黄磷燃烧了起来，将刘国庆的双手烧的满是血泡。他以为这样就可以毁掉指纹，还可以借此躲进医院。可万万没有想到，在刚进医院的第二天，就被警察带

回了警局。

请问警察是怎么发现的刘兴国的可疑之处呢？

很简单的原理，黄磷离开了水就会发生自燃，根本就不能直接用手接触，这是每个磷肥厂职工都熟知的常识。刘兴国作为磷肥厂的一名职工却用双手去抓捧黄磷，根本是不可能的，很值得怀疑。

第二章　寻求生活的真相

一切皆有可能

【阿迪达斯】看看我们的脚下，穿的是什么鞋子呢？有没有穿阿迪达斯的？在众多的运动品牌中，阿迪达斯具有品牌的传统和辉煌的成绩。

今天，著名的三条纹已经渗透到流行文化中，无论何时，只要有重大体育事件，阿迪达斯就会出场，即使是贝克汉姆这样的超级明星，也会被其所吸引。

阿迪达斯的那句广告语："Impossible is nothing！（一切皆有可能）"，德国商人达斯勒创立阿迪达斯，从连续 6 年无人问津，而现在市值超数十亿美元，从冷落萧条到复兴和繁荣，靠的是新颖的理念，靠的是精明的营销、靠的是有力的领导，靠的是对这个品牌的热爱。

阿迪达斯坚信"Impossible is nothing！（一切皆有可能）"，最终使它重焕活力，找到了辉煌和梦想，从而也验证了阿迪达斯的那句广告语："Impossible is nothing！（一切皆有可能）"

在飞机发明之前，人要在天上飞，对绝大多数人来说，只是一个不可能的梦想，是妄想。直到 1903 年美国莱特兄弟设计制造的飞机进行了成功的飞行，才实现了这一大家认为不可能的梦想，打破了所有人都固守的这些"不可能"。正因为有人相信可以攻克的"不可能"，并为此付出了孜孜

— 65 —

不倦的努力，才把这些"不可能"转化成了"可能"。

我们的生活和学习中，很多事情并非不可能，而是我们自己在心里设置了认为自己不可能成功的障碍和限制，不去给自己一个机会去尝试突破。你一贯地坚持这种"不可能"的限制性信念，就会因为自己给自己设置了无法突破的怪圈，使可能也会变得不可能了。

当大家都说"不可能"时，让我们对自己说一句"我可以"！赋予自己使这些信念变为现实的力量，从而也赋予自己走向成功的力量。任何事情，都不是不可及的空中楼阁，只要你相信自己。付出努力加上正确的方法，"不可能"会可以变为现实的。

"世上无难事，只怕有心人，"古语早就教导我们了。做任何事情都必须下定决心，不怕吃苦，不怕劳累，只要你认真地去做了，事情总会有结果。

也许努力不一定会成功，但如果你不努力就一定不会成功。世上没有做不好的事情，只有态度不好的人。做任何事情，都要有一个好的态度。

有了好的态度，对工作、对他人、对自己都会表现出热情、激情和活力；有了好的工作态度，你就不怕失败，即使遇到挫折也不气馁，而是充满直面人生的勇气，这样的人一定会、一定更容易在事业和生活中取得比别人更好的成绩，比别人更容易走向成功。

俗话说，性格决定命运，好的性格就是由好的态度一点一滴的培养而成的。

你的心有多高你就会飞多高，如果你认为你行那你就行，如果你觉得不行那你就不行，成败往往在一念之间。一个人能否成功，就看他对待事业的态度。

成功人士与失败人士之间的区别就是：成功人士始终用最积极的思考、最乐观的精神和最辉煌的经验支配和控制自己的人生。失败者刚好相反，他们的人生是受过去的种种失败与疑虑所引导和支配的。

一个人是不是幸福，就看他对待生活的态度，幸福的人总会向希望、向光明看齐，而不幸福的人总是抱怨自己比不上别人。好的态度应该是，努力的付出，努力的追求，至于结果就不要强求了，毕竟还有很多因素制约着结果。有着这样心态的人往往容易获得幸福感。

再看看我们身边，有多少人能真正对待自己从事的工作？浮躁，抱怨，这山望着那山高，导致一些人一辈子碌碌无为，一事无成。而那些在本行业、本领域做出了杰出贡献的人，无一不是兢兢业业，一丝不苟，乐观向上的。

【半杯水的态度】心态影响着人们对事物的看法。

比如两个口渴的人面对半杯水，悲观的人会说："真不幸，只有半杯水了。"

而乐观的人会说："真好，还有半杯水呢!"

引发快乐的原因，并不是因为水量的多少，而是因为看待问题的态度。态度可以决定一个人的成长高度，干任何工作，干任何事情，都是如此。

一个人的态度决定了能否把这件工作、这件事情做得更完善、更完美。同时，也决定着一个人能否走上更高的职位。

一位企业老板给另外一位公司经理发了一封电子邀请函，连发几次都被退回。公司经理问自己的秘书是怎么回事。秘书没去调查原因，只是猜测地说，可能是邮箱满了的原因。

可一周过去了，经理仍然没有收到企业的邀请函。经理又问秘书，秘书的回答竟然还是邮箱满了！公司因此失去了与该企业筹备已久的合作项目。经理一气之下，辞退了秘书。

恰恰相反，还有一位秘书，她是自考本科毕业后应聘到一家外贸公司的。她的意向是经理秘书。但公司却安排她做办公室文员，具体的任务就是负责收发传真、复印文件。

她虽然有点犹豫，但最终还是抱着积极的态度投入到工作中去了，因为她觉得这样的机会来之不易，而她又是一个自考本科生。她工作非常认真，同事们交代的事情，她都能准确而及时地完成，从没有怨言。

有一次，经理拿一份合同让她复印，经理说要急用叫她快点，细心的她习惯性地快速浏览了一遍合同。当经理有些不耐烦催促她时，她指着一处刚发现的错误给经理看。经理看完之后，吓出了一身冷汗，原来是一个数字后面多了一个零。她的更正为公司避免了几百万元的损失，很快她就被提升为经理秘书。

同样是秘书，前者被辞退，后者被提升，是什么原因？很明显，是态度问题。前者作为秘书竟然一周都不清理邮箱，这是什么工作态度？这样的工作态度，谁当老板都受不了。

后者则相反，不管工作是否理想，她都能认真对待，对自己分内的工作是如此，对分外的工作也能注意到细枝末节，为企业避免了一大笔的损失。正是这种责任心，这种对工作的认真态度，才决定了她能站在一定的高度，走上更高的职位。

问题：两个口渴的人面对半杯水，不同的人的看法不同，为什么？

 参考答案

心态影响着人们对事物的看法。

思维小故事

22：00 的月亮

事情发生在一个村庄，在凌晨1点多的时候，通往镇派出所的这条路上，有3个人急急忙忙地快步走着。走在前面的是个中年人，叫刘跃，是供销社的售货员，后面两个人——供销社的值班员小赵搀扶着更夫老钱。一会儿，他们敲响了派出所的门。

派出所所长徐明听见有人敲门，赶紧去把门打开。他们3个人进了屋

后,将老钱扶到了椅子上。

徐明只见老钱浑身是泥,满脸是伤,嘴角还挂着未干的血渍。连忙问道:"怎么回事啊,这到底是出什么事了?"

刘跃卷了支旱烟,点燃后说道:"今天我是夜班,到了12点时我去接班,刚走进供销社院里,就发现房前不远的地上趟着一个人。我走近一看是老钱,赶紧叫醒了他。这时,小赵听到了动静也从屋子里出来了。我让老钱先去医院,他说还是赶紧先报案吧,这不,我和小赵就扶着他赶紧过来了。"

徐明看看老钱身上的泥土,再看看小赵身上那干净整洁的衣服,不禁有些疑问。问道:"小赵,你还记得事情的经过吗,仔细回忆一下怎么回事。"

"嗯……"小赵摸了摸脑袋,显得有些慌张:"我什么都不知道,都是听老钱说的。"

"老钱没来时只有你在这里值班,你却说你什么都不知道,你觉得可能吗?"徐明说道。

"所长,我是真的什么也不知道啊,我,我,我在值班的时候不小心睡着了。"小赵吞吞吐吐地说道。徐明倒了一杯茶端给了老钱,问道:"钱师傅,您仔细回忆一下怎么回事,跟我们说说。"

老钱接过水杯,缓慢地说道:"今天是腊月二十,没几天就要过年了,来供销社买货的人很多。白天,我和小赵也帮着卖货,都累得不行就赶紧躺下了。大概晚上8点的时候,我出去上厕所。刚走出房门,就看见月光下院子里站着两个人。当时黑不拉几的吓了我一跳,赶紧就往回跑,可是不知道是怎么了,这俩腿顿时间就不听使唤了。趁这时,那人冲上来重重地朝我脑袋上打了一棒子,我便昏倒在了门旁。"

"你能肯定那时是8点钟吗?"徐明认真地追问了一句。

"不会记错的,我出门时特意看了下墙上的挂钟,正好刚刚8点。"

徐明在分别听了他们3个人对事情经过的描述后,只是笑了笑。忽然间脸色一变,说:"凶手就你们3个人的其中一个。"

刘跃和小赵、老钱感到很惊诧,3个人你瞧瞧我我看看你。

请问,凶手到底是谁,徐明又是怎么判定出来的呢?

超天才的分析

参考答案

　　农历腊月二十，月亮在晚上 10 点钟左右才会出来。因此，徐明听老钱说："看见月光下院子里站着个人"（那时才 8 点钟），便知道他肯定是在说谎，可以推断出，其实老钱自己就是凶手。

敢于创新

【海尔的崛起与发展】从濒临倒闭的集体小厂发展壮大成为知名的跨国企业。

创立于 1984 年,崛起于改革大潮之中的海尔集团,是在引进德国利勃海尔电冰箱生产技术成立的青岛电冰箱总厂基础上发展起来的。在海尔集团首席执行官张瑞敏"名牌战略"思想的引领下,海尔经过 18 年的艰苦奋斗和卓越创新,从一个濒临倒闭的集体小厂发展壮大成为在国内外享有较高美誉的跨国企业。

2002 年海尔实现全球营业额 711 亿元,是 1984 年的 2 万多倍;2002 年,海尔跃居中国电子信息业百强之首。18 年前,工厂职工不足 800 人;2002年,海尔不仅职工发展到了 3 万人,而且拉动就业人数 30 多万人。1984 年只有一个型号的冰箱产品,目前已拥有包括白色家电、黑色家电、米色家电、家居集成在内的 86 大门类 1.3 万多个规格品种的产品群。在全球,很多家庭都是海尔产品的用户。

【名牌战略】中国第一品牌。

用户的忠诚度是与海尔产品的美誉度紧紧联系在一起的,18 年间,海尔的无形资产从无到有,2002 年海尔品牌价值评估为 489 亿元,跃居中国第一品牌。

海尔产品依靠高质量和个性化设计赢得了越来越多的消费者。2003年,在国内市场,海尔冰箱、冷柜、空调、洗衣机四大主导产品均拥有 30% 左右的市场份额。

在海外市场,据全球权威消费市场调查与分析机构 EUROMONITOR 最新调查结果显示,海尔集团目前在全球白色电器制造商中排名第五,海尔冰箱在全球冰箱品牌市场占有率排序中跃居第一。

其小型冰箱占据了美国 40% 的市场份额。海尔产品已进入欧洲 15 家

超天才的分析

大型连锁店的 12 家、美国 10 家大型连锁店的 9 家。在美国、欧洲初步实现了设计、制造、营销三位一体的本土化布局。

2002 年海尔实现海外营业额 10 亿美元，是中国家电业出口创汇最多的企业。

【海尔发展战略创新的 3 个阶段】海尔 18 年来的高速发展，最主要的就是靠创新。战略创新起着关键作用。

首先，名牌战略阶段。在 1984 年到 1991 年名牌战略期间，别的企业上产量，而海尔扑下身子抓质量，7 年时间只做一个冰箱产品，磨出了一套海尔管理之剑："OEC 管理法"，为未来的发展奠定了坚实的管理基础。

其次，多元化战略阶段。在 1992 年到 1998 年的多元化战略期间，别的企业搞"独生子"，海尔走低成本扩张之路，吃"休克鱼"，建海尔园，"东方亮了再亮西方"，以无形资产盘活有形资产，成功地实现了规模的扩张。

再次，国际化战略阶段。在 1998 年至今的国际化战略阶段，别的企业认为海尔走出去是"不在国内吃肉，偏要到国外喝汤"；而海尔坚持"先难后易"、"出口创牌"的战略，搭建起了一个国际化企业的框架。

【海尔的成功】美国《家电》杂志统计显示，海尔是全球增长最快的家电企业，并对美国企业发出了"海尔击败通用电气"这样的警告；英国《金融时报》评选"亚太地区声望最佳企业"，海尔名列第七；美国科尔尼管理顾问公司也将海尔评为"全球最佳运营企业"。

同时，张瑞敏也获得了中国企业家目前在全球范围内的最高美誉，1999 年 12 月 7 日，英国《金融时报》评出"全球 30 位最受尊重的企业家"，张瑞敏荣居第 26 位。著名的英国《金融时报》发布了 2002 年全球最受尊敬企业名单，海尔雄踞中国最受尊敬企业第一名。

2003 年 8 月美国《财富》杂志分别选出"美国及美国以外全球最具影响力的 25 名商界领袖"，在"美国以外全球最具影响力的 25 名商界领袖"中，海尔集团首席执行官张瑞敏排在第 19 位。

近年来，海尔已经有十几个成功的案例进入哈佛大学、洛桑国际管理学院、欧洲工商管理学院、日本神户大学等著名高等学府的案例库，成为全球商学院的通用教材,这在中国企业界是唯一的。张瑞敏本人也作为第一个中国人登上了世界商学院的最高讲台——哈佛大学商学院讲学。

海尔人的目标是:进入世界 500 强,振兴民族工业!

【创新模式】富于远见,敢冒风险:第二次世界大战胜利后的 1945 年,沃尔顿从军队复员,他在阿肯色州的新巷小镇租下一个店面,开始经营自己的第一家零售店。在 20 世纪 50—60 年代,沃尔顿把自己名下的 Ben Franklin 连锁分店拓展了 15 家,成为业绩最为突出的分店。

1962 年,沃尔顿觉察到折价百货商店有着巨大的发展前景,但 Ben Franklin 总部却否决了其关于投资折价百货商店的建议。为了把握这千载难逢的机会,沃尔顿决定背水一战,以全部财产做抵押获得银行贷款,终于在同年 7 月创办了第一家折价百货商店——沃尔玛,并获得了巨大成功。

在这次历史转折中,首先企业家必须富有远见,能发现其他人忽视的商业机会。其次,企业家必须具备不断突破自我的创新精神。当时的沃尔顿,已经拥有 15 家 Ben Franklin 连锁分店,如果是常人很可能选择安安稳稳地过日子。

但他并没有满足于现状,而是不断突破自我,追求新的成功,尤其是在关键以全部财产做抵押去获得贷款,破釜沉舟、背水一战,终于使新事业得到顺利地开展。

问题:Ben Franklin 连锁分店拓展了 15 家,他的成功经验是什么?

 参考答案

在于富于远见,敢冒风险的创新模式。

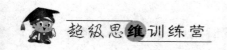

思维小故事

记事本破案

A君是个人见人怕出了名的小痞子,为了还赌博欠下的一屁股的债,想杀死他的亲婶婶来谋取财物。

他的婶婶无儿无女只有自己单住,A君事先打电话给她:"婶婶,晚上我去看你,好吗?"

"嗯,这样吧,今天晚上8点以后我会在家,不过如果你是想来骗钱的话就算了吧。"婶婶知道A君的来意肯定是要借钱骗钱。

到了晚上,A君提了盒蛋糕去看婶婶。

"哎哟,我们A君还是头一次这么大方呢!还带了东西来看婶婶。"看这样子似乎真的是前来看望自己的,婶婶便放松了警惕,可婶婶刚吃下一口蛋糕就暴毙身亡了,原来A君在蛋糕上涂了足以置人于死地的化学物质。

见婶婶死了,A君将婶婶家中的全部财物都搜了出来,正准备赶紧逃离现场时,突然发现桌子上放着的备忘录上有一行圆珠笔字写道:晚8点钟,侄子A君前来看望。

A君看了立即将纸条撕下烧毁,收拾得感觉没有留下任何证据后,逃离了现场。

事发第二天的清早,A君才刚刚醒来就被警察带走了。通过侦查发现,破案的线索就是那本备忘录。那么警察是怎么靠这一本小小的备忘录破案的呢?

由于圆珠笔的笔尖比较细,所以在写字时,本的下一页上肯定会留下痕迹,通过警察的细微观察,很快就可以看出本上写的内容。

而且若真不是 A 君做的案的话,别人是不会把那张纸销毁的。

超天才的分析

尊重挑战权威，拓展思维求突破

哲学家苏格拉底曾经站在讲台上，拿出一个苹果对学生说："现在，请大家闻闻空气中的味道。"

一位学生举手回答："我闻到了，是苹果的香味！"

苏格拉底走下讲台，举着苹果慢慢地从每个学生面前走过，并叮嘱道："大家再仔细地闻一闻，空气中有没有苹果的香味？"

过半数的学生都举起了手，当苏格拉底转了一圈回到讲台上的时候，他又问了一次刚才的问题。

这一次，除了一名学生没有举手外，其他的全都举起了手。苏格拉底走到了这名学生面前问："难道你真的什么气味也没有闻到吗？"

那个学生肯定地说："我真的什么也没有闻到！"

这时，苏格拉底向学生宣布："他是对的，因为这是一只假苹果。"

这个学生就是后来同样具有鼎鼎大名的哲学家——柏拉图！

柏拉图不因为苏格拉底带了一个苹果，就认为空气中有苹果的香味，这是对权威的一种质疑。

在国际象棋中，有一种比赛，简称"卫冕"战。某人赢得了冠军，被誉为"皇帝""皇后"，同时，他或她就有义务接受别人的挑战。有的是选拔实力最强的代表来对阵，有的是组织声名鹊起的战将轮番来冲击。经受挑战的考验，"卫冕"成功，权威就更大了；反之，"冕"被人家夺走，权威便转移了。

取得最高权威的人，没有权利拒绝别人的挑战。谁拒绝，就判定谁失败，这是毫不客气的规则。新生力量，后起之秀，要登上宝座，成为新的权威，只能以挑战者的姿态出现。不敢挑战权威，永远不能成为权威。

只有挑战权威，才有可能成为权威。"卫冕"的仅一人，挑战的有一群。这种竞赛，高高举起了挑战权威的旗帜，高高张扬着挑战权威的精神。如果你不敢挑战权威,那么你就被权威困住,无法扩展你的思维。

提倡对权威的挑战,实质上是在提倡建立一种竞争机制。许多领域都需要引入这种机制,打破沉闷,激发活力,展现蓬勃进取的生机。谁最权威,谁就要接受挑战,谁拒绝挑战,那就表明他并不权威。权威在挑战中形成,也在挑战中发展。

这种竞争机制是公平的、合理的。许多事情,许多领域,可以借鉴,可以移植。永远跟在权威的后面,永远在权威的羽翼下过日子,不敢挑战权威,不敢超越权威,那就永远也不可能让自己的思维得到扩展,无法有新的理念和尝试。

华罗庚提倡"人肩"精神,就是表示要用自己的臂膀托起后来者,登上新的高度,这才是大家风范。"江山代有才人出,各领风骚数百年。"数百年太长了,领一代风骚就了不起,领几年乃至十几年的风骚也了不起。独领风骚的时间越短,表明那个领域发展越快。

而想要取得快速的发展,首先就要不怕权威,这样才能使自己的思维得到扩展,才能有更多的想法,而有想法才能有实践。所以,千万不要让自己的思维被权威困住。

在西方,挑战权威已经成为一种学术风气,以至形成了一种学术风格。达尔文够权威了,进化论够权威了,但是,从权威产生之日起,直到今天,它始终都在接受严厉的挑战。向达尔文挑战,向进化论挑战,是不少学者的研究方向,他们以此作为取得学术成就、登上科学高峰的重要途径。

向权威挑战,不是胡来,骂一通完事,而是要拿出事实来,讲出道理来,想办法驳倒权威。那个事实是好拿的吗?那个道理是好讲的吗?拿出了,讲出了,别人又能够相信?谁来挑战,谁就得去研究、去发现,没有过硬的事实、没有新的发现,说不上挑战权威。

达尔文的个别观点,某些论述,还真有错漏之处,被别人用事实驳倒过。但到目前为止,却没有人能驳倒进化论。愈是驳不倒,它就愈权威。正是由于对权威的不断挑战,才使我们的社会如有源头的活水一般不断有所更新。

王者,能取得这样的成绩,是它们不相信权威,不断扩展自己的思维,训

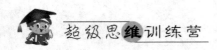

练自己不断适应环境的结果。学习中,作为学生的我们要不畏权威,更不要为权威所困,如此才能不断扩展自己的思维,让自己在学习上有更大的进步。

问题:柏拉图、华罗庚、达尔文都能取得举世瞩目的成绩,原因是什么?

能取得这样的成绩,是它们不相信权威,不断扩展自己的思维,训练自己不断适应环境的结果。

思维小故事

墨绿色的太阳镜

小 A 的汽车与小 B 的汽车发生了碰撞,小 B 说他左眼因撞车事故失明,要求小 A 另外赔偿他一万元。小 A 很怀疑,不一定就是车祸受的伤啊,便请王警官验证一下小 B 的左眼是否真的看不见,于是王警官就请小 B 坐上自己的汽车。

王警官拿着墨绿色的太阳镜,趁检查引擎时,把左边镜片打破。

"这副眼镜虽然坏了一片,但你还可以戴,你的左眼看不见,更要好好保护右眼,道路上的反光这么强,很伤眼睛的。"王警官关心地向小 B 说道。

途中车子的煞车出现点儿问题,道路又是连续的弯路,两个人都有些慌张。

"麻烦您帮我看一下有没有交通标志啊!"王警官对小 B 喊道。

"有,有,有! 这是表示停止的标志,上面是红底黑色的惊叹号!"

王警官随后靠边将车停了下来,面带微笑地对小 B 说道:"不好意思啊小 B 先生,我怎么觉得你的左眼一点儿毛病都没有啊,难道你就是想通过车祸敲诈小 A 的一万块钱?"

参考答案

　　其实王警官要小 B 戴上太阳镜是有用意的。通过墨绿色镜片看红色的东西,红色会变成黑色,因此无法分辨红底黑色的标志,而小 B 居然能看出标志,可见他的左眼并没有任何问题。

超天才的分析

多想几步的超前意识

【同样是土豆】迪克和托尼都是一家超市的工作人员,他们几乎是同时开始工作的。开始时大家都一样,从最底层干起。可不久迪克受到总经理的青睐,一再被提升,从领班一路升到部门经理;托尼却像被人遗忘了一般,还在最底层工作。终于有一天托尼忍无可忍,向总经理提出辞职,并痛斥总经理用人不公平。总经理耐心地听着,他了解这个小伙子,工作肯用功也很卖力,但却缺了一样重要的东西。

于是总经理对托尼说:"托尼先生,非常感谢您在工作期间为超市所做的一切。在您离开之前,还请您做完最后一件事情。请您马上到集市上去,看看今天有卖什么的。"

托尼答应了,他很快从集市上回来,说刚才集市上只有一个农民拉了一车土豆卖。"一车大约有多少袋?"总经理问。

托尼又跑去,回来说有 10 袋。

"价格多少?"托尼再次跑到集上。

总经理望着跑得气喘吁吁的托尼说:"好了,请您先坐下歇歇吧,我让迪克去办同样的事,你可以看看他是怎么做的。"

于是,总经理叫来了迪克:"迪克先生,请你马上到集市上去,看看今天有卖什么的。"

迪克很快从集市回来了,汇报说,到现在为止只有一个农民在卖土豆,有 10 袋,价格适中,质量很好,他还带回几个让总经理看。迪克还说,这个农民过一会儿还将弄几筐西红柿上市,据他看价格还公道,可以进一些货。这种价格的西红柿总经理可能会要,所以他不仅带回了几个西红柿做样品,而且还把那个农民也带来了,他现在正在外面等着回话呢。

坐在一旁的托尼耳闻目睹了这一切,终于明白了迪克的晋升并不是没有道理的,不禁为自己刚才的行为感到汗颜。

迪克的成功就在于他比托尼多想了几步，并多做了一些事情。

　　在学习上，那些在某一学科上十分出色的同学，他们总会将自己的思维发散，想他人没想到的。其实，有时只要比平时多想一点就会把思路拓宽。同学们在最开始的时候并没有太大的差距，但日积月累差距就越拉越大，你的思维若是很懒，你离成功也就越来越远。

　　问题：超市的工作人员迪克和托尼，迪克的成功在哪？

参考答案

　　迪克的成功就在于他比托尼多想了几步，并多做了一些事情。

思维小故事

"瓶果"之谜

　　刘上尉退休了以后，每天很都闲得无聊，就经常会制作一些"瓶船"送给他原来的部下，借此既可以打发时间，又能表示出他非常珍惜在海军服役的那段时光。瓶船是将很多帆船的部件从细细的瓶颈口塞进去，然后在瓶子里组装好，这是个需要耐心和时间的活儿。刘上尉的勤务兵小雷经常站在旁边看他做"瓶船"，有一天，小雷突然说："刘上尉，等到了秋天，我要送您一件礼物。"刘上尉开玩笑地说："还有这么好的事啊，为什么你不现在就送给我呢？""因为要做成这件礼物是要花费好长时间的。""是像我做瓶船一样费事吗？"刘上尉好奇起来。"不不不，一点儿也不费事，只是需要些时间而已。"小雷感到不好意思地笑了笑。

　　秋天到了，一天小雷把礼物送给了刘上尉。"您看，这就是我要送您的'瓶果'。"刘上尉看到后有些目瞪口呆。细口玻璃瓶里怎么装着一个又大又

红的苹果呢？而且苹果还显得十分的鲜美，绝对不可能是假的，很奇怪。请问是小雷是用什么办法把大苹果装进瓶子里呢？

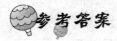 参考答案

其实小雷是在苹果刚刚结下还没有长大时就放到了瓶子内，将瓶子套住了苹果，随着苹果在瓶子里慢慢地成熟长大，等熟透后再把苹果从树上摘下来，就成了现在的"瓶果"。

显然，这件礼物确实并不费事，但真的是需要时间。

誓做头狼，敢争第一的雄心

【狼子"野心"】狼群作为一个群体，在其内部，是有着森严的等级差别的。两只狼相逢，强健的一只会将尾巴高傲地竖起，两耳伸向前方，气宇轩昂，而另一只则会谦卑地垂下头来，蜷缩起尾巴，闪到一旁。而所有狼都会拜倒在头狼的脚下。头狼享有至高无上的权威。头狼具备一颗"狼子野心"，它雄心勃勃，敢争第一。

天才或成功是不会先天注定的。只因成不了高大的橡树，或只是因为自己不可能像橡树一样高大，就不相信自己的能力，就处在犹豫和彷徨中浑浑噩噩地度过一年又一年，那是非常荒唐可笑的。固然，橡树种子会成长为橡树，而不会成长为松树，这是十分自然的事。

但世上被称为天才的人，肯定比实际上成就天才事业的人要多得多。许多人一事无成，就是因为他们缺少雄心勃勃、排除万难、迈向成功的动力。不管你有多么超群的能力，有多么聪明、谦逊、和善，如果他缺少迈向成功的发动机——"狼子野心"，那么，他将难有成就。

【韦尔奇的告诫】韦尔奇曾经告诫员工说："如果通用电气不能让你改变窝囊的感觉，那你就该离开这里。"通用电气要求每个员工都不能甘于平庸。

为了鼓励员工提升自己，通用电气把员工分成 3 类：前面业绩最好的占 20%，中间业绩良好的占 70%，最后面业绩较差的占 10%。在通用电气，最好的 20% 的员工必须在精神和物质上受到爱惜、培养和奖赏，因为他们是创造奇迹的人。

最好的 20% 和中间的 70% 并不是一成不变的，人们总是在这两类之间不断地流动，但是，最后的那 10% 往往不会有什么变化。

一个把未来寄托在人才上的公司必须清除那最后的 10%，而且每年都要清除这类人——以不断提高业绩水平，提高员工的素质。通用的领导者

超天才的分析

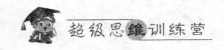

必须懂得，他们一定要鼓舞、激励并奖赏最好的20%，还要给业绩良好的70%打气加油，让他们不断进步。

不仅如此，通用的领导者还必须下定决心，永远以人道的方式，换掉那最后的10%，并且每年都要这样做。只有如此，真正的精英才会产生，企业才会兴盛。

那些浅尝辄止、安于现状、不思进取的人不会在学习上有什么大成绩的。一个有崇高目标、期望进取的人，总是不停地超越自我，拓宽思路，扩充知识，攀登高峰，希望比其他同人走得更远。他有足够坚强的意志，激励自己做出更大的努力，争取最好的结果。

作为学生，首先要为自己树立一个明确的目标，去按部就班地完成它，实现预定目标。如在实现的过程中，做到精益求精，总是让别人让自己惊喜，让自己雄心勃勃起来吧，有这样的雄心才有冲刺下一个目标的动力，才能让自己不断向成功的高峰迈进。

一个各方面都很优秀的学生，因为他们雄心勃勃，他们是有远大理想的，他们有勇争第一的精神，他们有为了目标而不懈奋斗的精神。因为他们不会沮丧，永远充满朝气，学习起来劲头十足。不甘于平庸，努力向上，充分发挥自己的能力，才能创造出佳绩，实现自己的价值。

问题：在学习上，怎样比其他同人走得更远？

参考答案

有崇高目标、期望进取，不停地超越自我，拓宽思路，扩充知识，攀登高峰。

将自信的目光放长远

【尼克松败于无自信】尼克松是我们极为熟悉的美国前总统，但就是这样一个大人物，却因为一个缺乏自信的错误而毁掉了自己的政治前程。

1972年，尼克松竞选连任。由于他在第一任期内政绩斐然，所以大多数政治评论家都预测尼克松将以绝对优势获得胜利。

然而，尼克松本人却很不自信，他走不出过去几次失败的心理阴影，极度担心再次出现失败。在这种潜意识的驱使下，他鬼使神差地干出了后悔终生的蠢事。他指派手下的人潜入竞选对手总部的水门饭店，在对手的办公室里安装了窃听器。

事发之后，他又连连阻止调查，推卸责任，在选举胜利后不久便被迫辞职。本来稳操胜券的尼克松，因缺乏自信而导致惨败。

【小泽征尔胜于自信】小泽征尔是世界著名的交响乐指挥家。在一次世界优秀指挥家大赛的决赛中，他按照评委会给的乐谱指挥演奏，敏锐地发现了不和谐的声音。

起初，他以为是乐队演奏出了错误，就停下来重新演奏，但还是不对。他觉得是乐谱有问题。这时，在场的作曲家和评委会的权威人士坚持说乐谱绝对没有问题，是他错了。

面对一大批音乐大师和权威人士，他思考再三，最后斩钉截铁地大声说："不！一定是乐谱错了！"话音刚落，评委席上的评委们立即站起来，报以热烈的掌声，祝贺他大赛夺魁。

原来，这是评委们精心设计的"圈套"，以此来检验指挥家在发现乐谱错误并遭到权威人士"否定"的情况下，能否坚持自己的正确主张。前两位参加决赛的指挥家虽然也发现了错误，但终因随声附和权威们的意见而被淘汰。小泽征尔却因充满自信而摘取了世界指挥家大赛的桂冠。

尼克松败于自信缺失的故事和小泽征尔胜于自信的故事，对我们学生来说，都是很有启示的。

中科院著名心理学家王极盛教授对同学们说："信心是考试成功的精神支柱，对智力的发挥起调节作用。"

考试也是心理战，心理调节至关重要，越接近考试，心理调整也越重要。如果说平时的知识储备是考试成功必不可少的硬件，良好的心态则是

超天才的分析

考试成功必不可少的软件。不错，信心的基础是实力，但对知识临场发挥得如何，主要取决于有无良好的心态。许多不幸都是从看不起自己、不相信自己开始的。

莎士比亚说得对："自信是走向成功的第一步，缺乏自信即是其失败的原因。"

问题：尼克松败于自信缺失的故事和小泽征尔胜于自信的故事，对你有何启示？

参考答案

信心是考试成功的精神支柱，对智力的发挥起调节作用。

思维小故事

飞来的凶器

一天晚上，经理正在六楼办公室加班。不知是谁拿了一件什么尖锐的凶器，将经理从背后刺杀身亡。

刺杀后，凶手带走了凶器，没有证据留在现场，门是从里面反锁的，只有死者背后的窗子是打开的。

其实，凶手就在对面的大楼，因为窗子是开着的，凶器是通过窗子将经理杀死的。

但是两幢大楼相距20多米，就是用大长杆的盾枪，也不能隔着窗子将经理杀死。

请问，凶手到底是用的什么凶器呢，还可以在经理死后再将凶器收回？

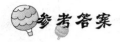

答案就是弓箭。

凶手把弓箭的末端系上了一根很长的结实的绳子，然后借着开着的窗子将经理杀死。等箭已经将经理杀死后，再用事先系好的绳子将箭拉回来。

超天才的分析

全面的思考和准确的判断

一天，老师在课堂上想测测一个学生的智商，就问他："树上有 10 只鸟，开枪打死一只，还剩几只？"

学生反问："是无声手枪吗？"

"不是。"

"枪声有多大?"

"80～100分贝。"

"那就是说会震得耳朵疼?"

"是。"

"在这个城市里打鸟犯不犯法?"

"不犯。"

"您确定那只鸟真的被打死了?"

"确定。"老师已经不耐烦了,"拜托,你告诉我还剩几只就行了,OK?"

"OK,树上的鸟里有没有聋子?"

"没有。"

"有没有关在笼子里的?"

"没有。"

"边上还有没有其他的树,树上还有没有其他鸟?"

"没有。"

"有没有残疾或饿得飞不动的鸟?"

"没有。"

"打鸟人的眼有没有花? 保证是10只?"

"没有花,就10只。"

老师已经满头大汗,且下课铃响了,但学生还在问:"有没有傻到不怕死的鸟?"

"都怕死。"

"会不会一枪打死两只?"

"不会。"

"所有鸟都可以自由活动吗?"

"完全可以。"

"如果您的回答没有骗人,"学生满怀信心地说,"打死的鸟要是挂在树上没有掉下来，那么就剩一只；如果掉下来，就一只不剩。"

看完这个故事，你会不会觉得震惊呢？故事中那位学生在处理问题时的考虑全面是值得学习的。就这样一个简单的问题，他竟然能提出 13 个问题来推理自己的答案，思维十分活跃。

那你呢？在听到故事中的老师提出来的问题后，有多少种假设呢？

想想你在学习和生活中，是不是有时确实存在一见到问题就简单处理的现象？没有多想几个"为什么"，也没有将与这一问题有关联的其他条件都考虑进去，这样处理问题往往不能达到满意的效果。

有时一个问题的答案不是一元的，而是多元的，与其存在的客观条件息息相关，这就要求你应避免思维的简单化。

故事中那位学生在处理问题时，采取了排除法，在排除了其他可能性后，得出了最准确、最圆满的答案。在实际生活和学习中，如果你能够避免思维上的直线式和习惯性，对问题多层次、多角度、多侧面地去思考，不忽略任何一个细节，甚至是逆向思维，那么，有很多失误都是可以避免的。

有的人最终没有办法取得成功，不是因为缺乏创立一番事业的能力，而是对全局缺乏全盘的思考，没有办法做出有效的判断。他们好像没有自主自立的能力，非得依赖他人，这些人即使遇到任何一点微不足道的事情，也要东奔西走地去征询亲友邻人的意见，而自己尽管时刻牵挂但并无主见。于是，越是与人商量，越不能拿定主意，越是迟疑不决，结果就弄得不知所措。

全面的思考能力很重要，但是在思考后的判断力同样重要。判断力不准确和缺乏判断力的人，往往很难决定开始做一件事，即使决定开始做了，最后也往往拖累他们一生的大部分精力和时间，都消耗在犹豫和迟疑当中，这种人即便有其他获致成功的条件，也永不会真正获得成功。

大凡成功者须当机立断，把握时机。一旦对事情考察清楚，并制订了周密计划后，他们就不再犹豫、不再怀疑，而能勇敢果断地立刻去做。

所以，如果你想在学习上有进步，做任何事情都能马到成功的话，就

超天才的分析

请尽快抛弃那种迟疑不决、左右思量的不良习惯吧！这种不良的习惯会使你丧失一切原有的主张，会无谓地消耗你的所有精力。

问题：那位学生在处理问题时，就一个简单的问题提出 14 个问题来推理自己的答案，他值得你学习的是什么？

他思维十分活跃，考虑全面。

思维小故事

带血的合欢树叶

还在唐朝的时候，镇守河阳的唐朝大将李光弼奉皇上的命令，从驻地赶往京都长安。因怕路上麻烦，他没有带随从，也没有穿官服，独自一人，穿着便装上路了。

这一天，他正快马加鞭向前赶路，天忽然黑了下来，雷声滚滚，一场大暴雨就要来了，李光弼见此天势勒住了马，看看周围，想找个地方躲躲雨。

李光弼看见远处有一个小客栈，正当他要赶过去，豆大的雨点已经开始落下，李光弼只好冒着雨赶到了客栈。

李光弼将马牵进了院前的马棚，推门进了客栈。他抖了抖落在身上的雨水，看着客栈的四周：发现屋里已经有 4 个人，也是被大雨淋透了全身，正围着火堆坐着，这些人见到李光弼进了屋都纷纷同他打招呼，李光弼很随和地回应着，同时，还让店老板做了几道小菜，也凑到火堆旁一边烤着火一边自斟自饮。

— 90 —

喝了几口酒后，就看见从店堂当中的楼梯上走下来一个中年男子，声音十分憨厚地说道："老板再做些饭菜送到楼上去。"李光弼见他穿着干净整洁，心想这个人一定是留宿在这个小客栈已有多日，就没再多想。

雷声不再响了，李光弼的一壶酒正巧刚刚喝完，外面的大雨停了，店内的客人们都接连起身准备赶路了。

就在这时，第一个走出去的人突然发现，有一个陌生男子在后院被人杀害了，大家闻讯后都纷纷跑过去看看是怎么回事，李光弼也跟在众人当中。到了后院，只见有一个大胡子的男人，迎面躺在了后院的一棵合欢树下，身上还插着一把刀，大家看到后都惊诧不已。

李光弼见此情景，只好当场表明了身份，随后开始搜查现场：他发现因为刚刚下过大雨，死者流下的血迹都差不多被雨水冲洗掉了。他又检查了死者的身上，发现死者身上的财物都已被人抢走，于是，他对在场的人说道："我认为这应该是一起抢劫案！"

由于还没有找出凶手，他只好命令在场的所有人都不得离开，继续搜查现场，希望能发现一些破案的线索，可他搜查了半天，还是没有发现任何线索，李光弼显得有些灰心。

他在院子里来回踱步思索着，目光也在扫视着周围寻觅着，突然，他把目光停在了那棵合欢树上。他快走了几步，来到合欢树下面，仔细地检查着，此时，在雨后明媚的阳光下，合欢树上几片带血的叶子立刻吸引了李光弼的注意。

超天才的分析

他想了想，心里有了办法，便悄悄地召来店老板，轻声地问道："在没有下大雨前，不知店里都住了哪些人？"

店老板说道："就住着楼上的一个人，而且他已住了好几天了！"

"是吗，那好，我来告诉你！"说着，他把店内的人都叫了过来："我现在郑重宣布：凶手就是住在楼上的那个中年男子！"

说着，李光弼就带着大家来到二楼，一进屋，就把那名男子摁倒在地，然后开始搜查他的房间，不一会儿就在他的客房里搜出几个带有血迹的元宝和一些古玩。

大家都连忙称赞着李光弼机智聪明，纷纷询问他是怎么知道谁是凶手的。

李光弼便向大家解说了他是如何判的案。

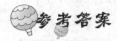

李光弼讲述道："有些植物的叶片在晚上或是阴天下雨的时候，会自动地合起来，目的是不让外界的雨滴或大风等把叶片摧毁。合欢树的叶子就有这个特点。所以，我发现死者旁边的合欢树上有几片叶子的内侧沾有血迹，便立刻判定出了死者一定是在下雨之前被人杀害的，也就是说凶手是在没有下这场大雨之前就住进了客栈的人。根据我多年判案的经验来

看，如果是店老板杀害了死者，那么店老板是一定会把尸体藏匿起来，不会让人发现的。再由此，我判定出凶手就是在还没下雨时已住在店里的客人。也就是二楼上的这个人。

挫而不折，主动进取

也许你并不是上帝的宠儿，但上帝总会眷顾每一个人，上帝已经给每个人创造了机会。

【卡内基说】"有两种人注定一事无成，一种是除非别人要他去做，否则绝不会主动做事的人；另外一种人则是即使别人要他做，也做不好事情的人。那些不需要别人催促，就会主动去做应该做的事，而且不会半途而废的人必将成功，这种人懂得要求自己多努力一点多付出一点，而且比别人预期的还要多。"这是世界著名的钢铁大王卡内基说过的一段话。

【我的苦恼】开学第一次数学考试我就不及格，我对自己失望至极，我真笨、真没用，我觉得前途一片黑暗。而且今天同学们都用异样的眼光看我，他们一定都在说我笨。我该怎么办？

10 月 10 日，今天学校要组建校足球队，我也想报名参加，可老师残酷地拒绝了，我的梦想就此破灭，我痛恨他，我再不踢球了，可恶的体育委员还嘲笑我又矮又胖，像个矮冬瓜。我该怎么办？

【看看他们】实例一：（战胜挫折，战胜绝望）1816 年，家人被赶出了居住的地方，他必须工作以抚养他们。

1818 年，母亲去世。

1831 年，经商失败。

1832 年，竞选州议员——但落选了。

1832 年，工作丢了，想就读法学院，但进不去。

1833 年，向朋友借钱经商，但年底就破产了，接下来他花了 16 年才把债还清。

超天才的分析

1834 年，再次竞选州议员——赢了。

1835 年，订婚后即将结婚时，未婚妻却死了，因此他的心也碎了。

1836 年，精神完全崩溃，卧病在床 6 个月。

1838 年，争取成为州议员的发言人——没有成功。

1840 年，争取成为选举人——落选了。

1843 年，参加国会大选——落选了。

1846 年，再次参加国会大选——这次当选了！前往华盛顿特区，表现可圈可点。

1848 年，寻求国会议员连任——失败了。

1849 年，想在自己的州内担任土地局长的工作——被拒绝了。

1854 年，竞选美国参议员——落选了。

1856 年，在共和党的全国代表大会上争取副总统的提名——得票不到 100。

1858 年，再度竞选美国参议员——再度落败。

1860 年，当选美国总统。

这个人叫林肯。

实例二：（战胜挫折需要毅力）我国力学、桥梁专家李国豪教授，在"文化大革命"期间身居"隔离室"，没纸张，没资料。报纸的白边、中缝成了他演算的天地，妻子的发夹、孩子的乒乓球网成了他的实验工具。他在被"隔离"期间经常受到审讯，写检查。在这样恶劣的环境里，他顶住各方面的压力终于写出了 10 万字的专著《桁梁扭转理论——桁梁桥的扭转、稳定和震动》，填补了一项世界桥梁建筑学上的空白。

实例三：（看淡挫折）一天深夜，爱迪生的实验楼突然火光冲天，烧成一片废墟，他研究有声电影的所有资料和样片也都统统化为灰烬。

他的太太伤心地说："多少年的心血，叫火烧了个精光，这可怎么办呢？"爱迪生虽然也很伤心，但他决不会在挫折面前低头。发明电灯时，他先后试验了 7600 多种材料，失败 8000 多次，从未后退过，终于获得成功。眼下的火灾也同样不能使他后退。

爱迪生宽慰太太说："不要紧，别看我已经 67 岁了，从明天早晨起，一切重新开始。"

【直面挫折，不畏不惧】残疾少女田甜不向命运低头，勇敢面对厄运，她在挫折面前不畏不惧，不胆怯、不懦弱，不向挫折屈服，最终战胜了厄运、战胜了自己，成了生活中的强者。

这个故事告诉我们什么？

A. 面对挫折，要具有不畏挫折的精神，从精神上战胜挫折。

B. 冷静分析，从容应对。战争年代，一些从事地下活动的共产党员，在危急时刻能急中生智化险为夷，靠的就是良好的心态，遇到困难临危不惧，冷静分析，沉着应对。

C. 自我疏导、自我排解的一些方法：如修正目标法、难得糊涂法、认同法、升华法、补偿法和鼓励法等。

D. 主动寻求帮助。一个人的力量是有限的，当遇到挫折时，寻求他人的帮助是很有必要的。遇到挫折时不要闷在心里，应该找个朋友倾诉，或者告诉家长和老师，请求他们的帮助。

我们要认识到"主动寻求帮助"，对青少年学生来说是很重要的。因为青少年限于生活阅历、知识水平、看问题的角度等方面的原因，往往会对问题产生片面的认识，甚至钻了牛角尖而不能自拔，这时，老师、家长或朋友的一席话，就可能会使人产生茅塞顿开的感觉，对我们战胜挫折是十分有益的。

科学家庄纳恩·恩克经历 200 次的失败，发现小儿麻痹症疫苗后与他人的对话，展现了他坦然面对挫折和失败，积极进行科学探索的可贵精神和良好的心理素质，揭示了他取得成功的奥秘。

我们正处于一个竞争激烈的时代，失败和挫折将与我们终生相伴，需要具备积极的心态和探索创新的热情。只有这样，才能坦然面对挫折和失败，才能把其当成进取过程中的迂回和曲折，从而避免消极的心理。

问题：面对挫折，我们该怎么办？

超天才的分析

参考答案

面对挫折，我们不应后退，应全身心地去探索、去创造，积极寻找新答案、新途径，才能求新求变，不断创新，才能战胜各种困难，取得成功。

思维小故事

天上的凶手

事情发生在宋朝钦宗年间，在河北保定有一个地方叫王家庄。在王家庄的边上住着一家兄弟俩，哥哥叫王壮，弟弟叫王勇。兄弟俩在儿时就没了父母，一起相依相靠，他们靠务农为生，日子还算过得去。时光匆匆而过，一眨眼哥俩就已经到了该娶媳妇的年纪。

他们村里有个叫桃枝的姑娘，和兄弟俩年龄大小差不多。他们3个是从小一起玩到大的，可以说是青梅竹马。日久生情，桃枝姑娘对这王氏哥俩也有好感，毕竟从小就在一起很有感情。桃枝的父母看见自己的闺女对王氏哥俩很上心，也感到很中意，为此，经常叫王氏哥俩到他们家去吃饭。

现在，桃枝已经是一位亭亭玉立的大姑娘了，王家兄弟对桃枝姑娘的好感也渐渐增加，桃枝的父母对兄弟俩也是没的说。他们觉得王氏兄弟都是本分的庄稼人，老实可靠，虽然家境不是很富裕，拿不出来什么像样的聘礼，但是既然女儿中意，做父母的自然也愿意。可是，他们在高兴时还不得不烦恼：桃枝是不可能同时嫁给兄弟二人的，母亲只好暗地里问桃枝到底想跟王家兄弟的哪一个，桃枝感到很不好意思，红着脸告诉母亲其实自己更是喜欢弟弟王勇。

于是，桃枝父母便和王勇说了明话，在哥哥王壮知道了桃枝喜欢的是弟弟后，并没有什么反应，也没有感到不快，反而替弟弟感到高兴。因为毕竟兄弟二人是一奶同胞，而且又是相依相靠很不容易长到了这么大，弟弟能娶上一个这么知根知底的好女孩，当哥哥心里当然替弟弟感到高兴啊。于是，王壮就与弟弟商量，挑好了日子，准备在下个月完婚。

第二天清晨，哥哥王壮感到身子非常不适，就想在家里躺一会儿。弟弟看见了，就跟哥哥说道："哥哥，既然你身体不舒服，今天就不要下田了，好好在家歇息吧。我自己去干活就行了！"说着，弟弟就拿起农具下田干活去了。

快到中午的时候，天忽然黑了下来，雷声滚滚，转眼间就下起了倾盆大雨。王壮看见后，想起弟弟早晨出门时没带蓑衣，就赶紧摇摇晃晃地穿好蓑衣，又给弟弟装上一件，顶着大雨跑到了田里。

雨势很大，王壮走着坑坑洼洼的泥路来到了地里面，但是却没有看见弟弟王勇，他沿着田地找了一圈，突然发现弟弟倒在了田边的一棵大树下，他赶紧跑上前去上将弟弟抱起，可发现弟弟居然没有了气息。

王壮当时惊诧不已，弟弟怎么会死了呢，怎么会这样？赶紧冒雨找来了街坊，好帮助自己来解决这场突来事件。

这个时候，雨已经不下了，乡亲们都在四周围拥着。看着已经离去的王勇，大家都开始责怪王壮，还有人离谱地说是王壮看弟弟要娶媳妇而妒忌憎恨，为此杀死了自己的亲弟弟。

王壮原本叫来乡亲们是为了帮助自己解决弟弟的事情，怎么也没有想到乡亲们居然会怀疑是自己将弟弟害死。

就在他不知弟弟到底是怎么死的，又不明白乡亲们为什么说是他害死弟弟的时候，县令张巡正好路过这里。乡亲们便向张县令报了案。

眼前的这位张县令是一个饱读诗书的聪明人，不仅喜欢经史，还善于研究天文历算。他看到外表老实可靠的王壮，觉得不像是大家口中所说的丧心病狂的人，便开始搜查现场，他注意到王勇死地的旁边有一棵大树，

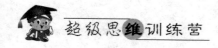

还看到了他的胸口上有两处被灼伤的痕迹，推断出了事情的大概经过。

于是，张县令对乡亲们说道："请大家不要再怀疑是王壮杀害了他的弟弟，因为真正的凶手并不是王壮，而是天上的雷。"

请问，这位张县令为什么会说凶手是天上的雷呢？

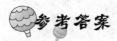 参考答案

张县令对乡亲们解说道：王勇一定是在田里干活时，没有地方避雨，于是赶紧跑到了田边的树下避雨。这棵大树是这片空旷的环境当中的最高物，所以当天上的雷一闪的时候，闪电最先劈到的就是最高的物体——那棵树，就这样，当时正在树下避雨的王勇当然也会被雷劈到，而且他胸口的灼伤也是证明。

物竞天择，适者生存

　　物竞天择，适者生存，这是自然界的天理。动物界关于"适者生存"的例子有很多。比如，一头狮子扑向两只羚羊，一只体弱，很快就成为狮子的盘中餐，而另一只体健，快速跑开，所以生存了下来，这就是适者生存；再比如两头狮子面对一群羚羊，一头体健，很快将猎物制服，填饱了肚子，而另一头年迈，失去了速度，屡试不获，最终饿死了，这也是适者生存。人要活下去，就要学会适应环境。

　　【迷宫中的小白鼠】实验者设计了一个非常复杂的迷宫，在迷宫的尽头有一块非常美味的乳酪，把小白鼠放在迷宫入口。起初，小白鼠以特有的嗅觉与灵性，很快在迷宫中找到了走出迷宫的最佳路线。

　　后来，实验者在这条路线中设置了障碍，小白鼠按记住的路线跑来跑去，当确信这个路线无法找到乳酪时，它们又开始勘察其他路径，直到最终发现乳酪。

　　【瓶子里的蜜蜂】将几只蜜蜂放在一个开口的瓶子底部，并将瓶底朝向一个光源，这几只蜜蜂会拼命朝有光的瓶底飞去，它们永远不会改变方向或尝试其他方向。最后的结果当然是蜜蜂就这样被困在了瓶子里，有翅膀却飞不出去。这两个实验说明了什么呢？你一定会说小白鼠比蜜蜂聪明多了。没错，但仅仅如此吗？这两则实验不是用来验证小白鼠是不是比蜜蜂聪明的，而是说明了一个人们都耳熟能详的道理——"物竞天择，适者生存"。

　　在现实中，我们的适应能力远远超过了蜜蜂和小白鼠，我们绝不会像蜜蜂那样永远飞不出那个开口的瓶子，但在这个瞬息万变的环境中，你的意识、你的追求、你的精神状况、你与他人的关系跟上这个时代的节拍了吗？

　　你必须学会适应：适应你所处的环境、适应你所面对的压力、适应你

超天才的分析

所面对的竞争、适应他人的风言风语、适应因做错而受到的批评。否则，你很可能已经处于被淘汰的边缘了。

无论是动物界也好，人类社会也好，适者生存都是不变的道理。改变自己去适应环境远比改变环境来适应自己要容易得多，也快得多。要想生存，我们必须学会并逐步适应环境。

【童话故事】森林王国面临着巨大的危机，西方和远东森林流窜来的各个狼群正在这个古老的国度里肆意掠夺和残杀。

森林的领导者老虎采取了利诱联合一个狼群抗击另一个狼群的战略，但是效果不明显。老虎喜欢独来独往，仅仅停留在肉食动物之间的争斗中。

另一个王者：狮子，习惯于群体作战。狮子中最聪明的一只，发动了所有动物，当然，以数量最多的草食动物为主，展开了一场声势浩大的动物战争。

后来，虎王联合的西方狼群袭击了远东森林狼群的老窝，远东狼群被赶跑了；而一意孤行的老虎又被狮王带领的动物们赶跑了，躲到森林一个小小的山头上继续占山为王。

森林王国的战争危机已经解除，狮王和森林的动物代表们坐下来分享胜利果实、建立新王国的时刻到了。

但是狮王面临着一个两难的选择：当初发动森林里所有动物们起来抗争的时候，它是用"森林里每个动物将来都和平相处，都吃得饱，都有自己美丽的栖息地"为口号来宣传的，战争也是靠着数量众多的草食动物打赢的。

如今森林恢复了平静，草食动物们都可以回到自己的领地安静生活的话，肉食动物怎么办？狮王天真地认为，让它们全改为吃素就行了！它把所有动物分成小群体，把森林划成很多片领地，让它们都去各自群体的草地上吃草！

理想的乌托邦，终究抵不过现实的无情，肉食动物们都不捕食草食动物，草食动物们越来越多，草地是有限的，草地的生长速度远远比不上草食动物的繁衍速度。草很快就吃光了，草食动物们没有草吃只有啃土充饥了。肉食动物们也饿得面黄肌瘦，举步维艰；而草食动物生的多，同时饿死得也多。

肉食动物不干了，一部分草食动物也不干了。它们联合起来，它们要改变，它们要挑战狮王的权威。

狮王愤怒了，它再一次发动了所有始终追随它的动物们，打击这些不听话的异类。斗争持续了很久，斗争远没有结束，狮王却老了，不行了。它的追随者们选择了一只憨厚老实的大象作为继任者，因为它能忠实地执行已故狮王的遗愿。

森林永远是森林，自然界的法则没有改变！豺狼、豹子、老鹰……所有肉食动物以及所有想吃饱，吃的更多的草食动物悄悄地联合起来了。

它们赶走了继任的大象，又另外推选了群体中最机敏的一只老虎作为森林新的领袖。新的虎王知道，它需要改变老狮王原来的方案，原来的方案大家都吃不饱。

它把肉食动物的代表和少数强壮草食动物的代表集合起来，又开了一次会。会议首先决议以前狮王搞内斗是十分错误的，继而释放了之前斗争的全部在押犯。接着它挑选了狡猾精明的豺狼们作为它的领导团队，挑选了老鹰们作为它的巡视管理团队，它要建立一个稳固的新的森林生存模式。

最后它的眼光放在了一只森林南端来的狐狸头领身上："这样吧，你，你那边靠近森林外围，跟外界联系多，跟别的森林学学发展的经验，先带个头，成功的话，我们森林里其他地方再照做。"

最后，新虎王宣布了几个它对于这个古老森林王国未来发展的思想：

A.　该吃肉的吃肉，该吃草的吃草，不要去计较都吃肉还是吃草，都吃饱才是真的好！

B.　先让一部分肉食动物们吃饱，然后先吃饱的肉食动物们带着没吃饱的草食动物们去找更多的草。

C.　这个新的发展方案取决于 3 个评价条件：一是是否能发展森林王

超天才的分析

国产草产肉能力，二是能否让森林王国变得强大，三是能否让所有动物都吃饱吃好。

D.　鉴于目前草食动物太多，我们处理不完，把以前攻击我们的狼群找回来帮助吃掉多余的资源吧，但是我们要尽量管住他们。

E.　以前面几条为基础，为了继承故去狮王的愿望，我们还是保持整个森林是所有森林动物们共有的，好吧？哈哈！

数年后，虎王和它的继任者们成功了，森林王国富裕了，强大了，整个动物世界都为之侧目！但是，森林王国不是完美的。

豺狼们很精明，但是贪婪的本性使它们失去了公允，它们索取得越来越多，动物们怨声载道；老鹰们很敏锐，但是它翱翔于天际，要求的领土越来越大，动物们失去了原有的栖息之地，生存空间正在一步步被挤压；草食动物中的聪明者，发现了豺狼和老鹰的喜好，献出自己的族类供豺狼和老鹰食用，献出的部分所得博取其欢心，继而换来了更多的取食地，成为了族群中的佼佼者。

就连最先吃饱的肉食动物也没有履行承诺，没有带没吃饱的草食动物们去找草，而是把它们圈养起来吃它们。

这类的问题越来越多，越来越严重。被压迫的食草动物们和部分弱小的食肉动物们开始愤怒和反思了，当然也不乏一些既得利益群体中的理想主义者，它们开始怀念狮王的统治。

虽然当时条件差，但是那时候战胜了那么多外来侵略者并建立了新的森林王国，整个森林王国绝大多数动物们是公平的，条件是一样的。

而如今，弱势的草食动物们被压迫得太厉害，生存的很憋闷。如果草食动物们都被吃光灭绝了，森林王国又将面临再一次的灾难。于是，它们逐步地联合起来，开始呐喊，开始宣泄。

新方案的维护者，那些森林中如今的既得利益群体紧张了。它们同样开始呼吁！

我们不能回到都吃草的时代去，都吃不饱，都要饿死；老狮王被一部分人塑造成了暴君、独裁者，它所统治的时代被宣传成了这个古老森林王国历史上最黑暗的年代。

如今这个时代是美好的。同时，如今的一些不好现象，森林统治者们已经安排了猎豹去监督豺狼和老鹰，这些只是少数现象。

整个森林王国一片喧嚣，争执着，辩论着！

都吃草的时代，违反动物的天性，都吃不饱，还得饿死些。

都吃肉的时代，违反自然的规律，肉食者的贪欲必会毁灭整个食物链。

问题：从上面的故事你想到了什么？

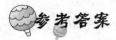 **参考答案**

辨别所处环境的最终目的，是为了适应环境。

我们学生要适应的环境很多：成长过程中，要适应很多烦恼；学习时，要适应激烈竞争。我们首先必须迅速地对已经发生变化的环境做出辨别，才能采取适当的行动去适应它。

要想适应环境，第一，你要了解环境。第二，充分利用所有的机会。第三，休息时间也要充分利用。总之，你应该要有敏锐的感觉和强大的适应力。不仅能准确了解自己身处的环境，还要迅速地适应不断变化的环境。

思维小故事

穿深蓝色毛衣的男子

春天到了，天气已经渐渐地暖和了，人们都脱掉了棉衣，穿上了风衣。公园里的小树也长出了嫩芽，活泼可爱的小男生小女生们早就想让埋藏了一个冬天的心出来透透气了，全都迫不及待地跑出来呼吸早春的空气。

虽然已经是早春了，但天黑的还是很早，这天晚上7点多钟，天就已经大黑了，值班员老陈和往常一样巡视着。当老陈走到了公园深处的一个角落时，忽然听见断断续续地传来了小女孩的哭泣和挣扎的声音，老陈突然警觉了起来，大喊了一声："是谁？谁在那？"只见一个黑影从树林深处"嗖"地蹿了出去。老陈拿着手电，立刻向黑影蹿动的地方跑了过去，到了那里只看见一个穿着白毛衣的女孩儿坐在草丛里，正"呜呜"地哭着。

老陈安抚着女孩，将女孩儿抱到了值班室，问清了事情的经过。事情是这样的，女孩儿和几个同学约好来公园玩儿，结果不小心走散了，走着走着就到了公园的深处，突然被一个穿深色毛衣的男子抓住，还好当时老陈赶到了，这才把坏人吓走，把小女孩儿给救了。

老陈忽然想到了最近在公园发生的一连串的性侵犯的事件，这说不定是一个人干的，便赶紧向警方报了案。

警察来了之后，立即封锁了公园的各个出口处。刑警队长本来想向女孩儿了解一下当时的情况，但是由于事情发生在晚上，那位女孩儿神情还没有稳定下来，除了知道当时歹徒穿的是深色毛衣以外，就什么也回忆不起来了。

刑警队长想了一下，命人把公园里所有穿深色毛衣的男子都带到公园值班室来。不一会儿的工夫，在值班室的灯光照射下，已经有十几名身穿深色毛衣的男子并排站在了这里。大家都觉得很可笑：连这位被罪犯欺负了的女孩儿自己都认不出哪个是罪犯，你一个刑警队长就算是再有经验、有能力，难不成还能认出哪个是见都没有见过的罪犯？

只见队长关注了一会儿女孩儿的毛衣后，又围着这十几名男子上下打量着，看了一圈，忽然站到了一名穿深蓝色毛衣的男子面前，指着他身上的白色毛线丝和女孩儿身上的蓝色毛线丝，自信地说道："就是你，今天晚上在公园里欺负了这位女孩儿的人就是你！"这名男子以为他是无凭无据说的这句话，显得很不服气，可再看了看自己和女孩儿毛衣上粘的线丝后，便哑口无言地低下了头。

请问这位刑警队长为何判定他就是罪犯的呢？

参考答案

由于毛衣这种织物在摩擦之后会产生静电，而静电对毛衣又有吸附力。当罪犯与女孩儿接触的时候，双方的毛衣因摩擦产生静电，吸附双方毛衣上的线丝。刑警队长正是通过对比两个毛衣上的线丝，确定了这些人中到底哪个才是罪犯。

超天才的分析

表达的艺术

《左传》里记载了这样一个故事，叫《烛之武退秦师》。

晋文公为了争夺霸权，借口郑国对他无礼，想联合秦国攻打郑国。这时的秦国也有向外扩张的愿望，便同意了。两国军队分别驻扎于函陵和汜南，对郑国形成半包围阵势。

郑国只是小国，眼看两个大国就要对其展开进攻，情势危急。于是，郑文公派烛之武前去说服秦国退兵。

烛之武见秦伯说："秦、晋两国围攻郑国，郑国已经知道快灭亡了。但我想对您说的是，消灭郑国对秦国不仅没有好处，而且害处很大。您何必要灭掉郑国而增加邻邦晋国的土地呢？晋国强大了，秦国也就相对削弱了。"

秦伯笑了，说："郑国灭亡，秦也分得一半土地，怎么单单晋国强大了呢？"

烛之武答："晋国在秦、郑两国中间，您要越过晋去管理远方的土地，容易吗？如放弃灭郑，而让郑国作为您秦国的盟友，对您秦国也没有什么害处。况且，您曾经对晋惠公有恩，他也曾答应把焦、瑕二城割让给您。然而，他早上归晋，晚上就筑城拒秦，这您是知道的。郑国灭亡了，下一个目标就是秦国了。您好好地掂量掂量吧。"

秦伯听烛之武的分析有道理，与郑国签订了盟约，并派人帮郑国守卫。郑国因此逃过了灭亡的命运。

烛之武是个能人，他用一张嘴就救了一个国家。在整个说服过程中，烛之武只字不提郑国，反而处处都在为秦国的利益着想，娓娓而谈，说得委婉曲折，入情入理，终于打动对方，达到了目的。

你需要做好一件事，说话的艺术能帮助你把事情做得出色。

【"夜壶"生意】古时候，有一对父子靠做"夜壶"的生意谋生。

一天，父子挑着夜壶去市场。儿子在北街，父亲在南街。

傍晚，父亲的都卖完了，儿子的却一个都没有卖掉。

父亲问儿子："为什么一个也没有卖出去？"

儿子答："来看的人倒是很多，但是他们都嫌夜壶太大。我对他们说'大的装尿多'，可是他们都摇摇头走了。"

父亲听完笑了起来，说："我也碰到这种情况，你知道我是怎么回答的吗？我对他们说：'是大了一点，但是，冬天快到了，冬天夜长啊。'结果他们都点点头买下了。"

同样处理一件事，不同的结果，原因就在说的话上。

儿子的话不能说不对，的确，夜壶大装的尿就多，他是实话实说。但是，他的话太没有艺术，太粗俗了，让人听了很不舒服。

父亲就不同了，可以说他是一位高明的推销商，他先说了一句"是大了点"，以赞同的态度拉近了与顾客的距离，然后又以委婉的语气说，"冬天夜长"，这句话说得很妙，既没有强卖之嫌，又暗示了"大的比小的好"。

如此说话，生意当然是顺利做成了。由此可见，说话的艺术在实际运用中同样十分重要。

在日常交往中，一定要讲究说话的艺术。有些话孤立地看是对的，但在特定的时间、场合就行不通，让人接受不了。比如有的同学个性强烈，总爱紧接别人的话发表自己的观点，在私下里这样或许是可以，但是当着别人的面议论或者激烈反对是不是就有些不可理解了呢？所以，说话还是要注意在什么样的时间、场合才能取得最佳效果。

【天生我材必有用】德国的门德尔松被称为"交响曲之父"，他的作品被音乐界奉为经典。然而，他的长相却在及格线以下：骨骼发育不好，个子很矮，更要命的是他的背后有一大块突起——是个驼背。

身体的缺陷影响他的婚姻，在很长一段时间中这位天才音乐家都是孤身一人。也真是天赐良缘，一次，门德尔松去汉堡一个朋友家小住，朋友的女儿弗美姬是个天使般纯洁、美丽的姑娘。门德尔松深深地爱上了她，

超天才的分析

但又自惭形秽，迟迟不敢开口。终于他鼓足勇气几次试图接近姑娘，但姑娘都找借口跑开了。

门德尔松明白姑娘逃避的是什么，他知道如果放弃了，一场美妙的婚姻可能就离他而去了。过了一些日子，他又勇敢地敲开了弗美姬的房门，开口问道："你真的相信人们的婚姻是上帝注定的吗？"

"是的，我相信。"姑娘回答。

门德尔松又说："对，我也相信，每个男孩子出生时，上帝都告诉他，哪个女孩子将来会同他结婚。我出生时，上帝为我指出了那个女孩子，并说你的妻子将是一个驼背。我大声喊道：上帝，一个女孩子驼背对她太残酷了，让我来替她做驼背，让她是个美丽的姑娘吧！"

弗美姬抬起头，望着门德尔松那双明亮、智慧的眼睛。后来她成了门德尔松的妻子，辅佐门德尔松成就了一番辉煌的事业。

如何让姑娘接受自己的驼背呢？巧妙的语言表述是门德尔松成功的得力工具，如果他换了一种直接的说法，结果就不好说了。

【打麻将的道理】小张特别喜欢打麻将，一有机会就约上几个朋友玩，免不了就有输有赢。当然了，赢了时兴高采烈，输了就有点不大舒服。

妻子小杨通晓事理，是个聪明的女人，她不赞成小张这样，但她没有硬来。

一天，小张打了几圈牌回来，输了点钱，小杨关切地让他休息，劝慰地说："你不要把打麻将看成赌博，老朋友在一起玩，你把它看成娱乐活动好不好？娱乐总要消费，打保龄、唱歌哪有不花钱的？输了钱，你就当雇几个人陪你玩好了，反正你爱玩这个。"

小张见妻子不抱怨他，还有这样一番见解，不由得乐了。

小杨又说："咱们现在没有小孩，没有什么家务事，周末你去放松玩一会儿没什么，但要健康娱乐，不要时间太长了，七八圈就行了吧。以后工作忙了，家务事多了，你想玩都玩不成了。你其实挺有自制力的，输赢无所谓，开心就行。你又不是以赌为生的。"

一番话说得小张挺高兴。后来他玩麻将的次数越来越少，瘾头也不那么大了。一旦玩，就想起妻子的话，非常放松，战绩竟然越来越好。而当工作忙起来，家里有了小孩之后，他一年也玩不了几回，小两口的日子过得甜甜蜜蜜的。

任何娱乐活动都要有个节制，小杨并没有给丈夫上纲上线，而是以宽容的独到见解让事情往好的方向发展。

问题：上面的主人公的话语你有什么感觉呢？

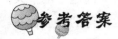参考答案

做好一件事，巧妙的语言表述艺术能帮助你把事情做得出色。

思维小故事

喝咖啡的贵宾

太阳充足的早晨，在瑞士的一家珠宝品牌专卖店里来了一对夫妻，两人看上去都气质非凡彰显着贵气。那位丈夫十分轻柔礼貌地告诉店员，因为今天是他们结婚 10 周年纪念日，所以想要给夫人挑选一些饰品。

店员看到他们很有意要买首饰，便热情地为他们介绍了最新的款式和最近优惠的促销活动，夫妻俩讨论了一下，决定先试戴看看。他们出示了贵宾卡，这是标志着顾客身份和诚信的东西。店员便将他们带到了店内单独的试戴间，并且按照着这对夫妻的要求将他们挑中的珠宝都拿去给他们试戴。

这对夫妇在这家店里整整待了一个下午，将柜台内的珠宝差不多都试戴了一遍，最后他们决定买下这个手镯和这对耳环。丈夫带着珠宝来到收银台准备付款。收银员在为他们结账时，看到了站在丈夫身后的妻子好像

很紧张的样子，端着水杯的手在不断的微微颤抖。

丈夫也看到了妻子的举动，他笑着解释说："我妻子在神经方面有些轻微病症，大夫嘱咐每隔半小时就得吃一次药，所以才会随身带着杯子，用来吃药。"他拿出了口袋中的药品，又打开了杯子让店员查看，杯子里盛着满满的咖啡。

妻子在这个时候也向店员微笑着表示歉意，她吃下了一颗药，同时喝下了一口咖啡。店员有些纳闷，她总觉得似乎什么地方有些问题。由于夫妻持有贵宾卡，所以是不能对他们进行搜查的。而且负责接待的店员也并没有发现珠宝少了，要求检查的话更是不可能的，没有任何根据。"小姐，麻烦你先帮我们结账好吗？"丈夫已经显得有点儿不耐烦了。"对不起，我现在就为您办理。"店员心里琢磨着，难道是自己想多了？

丈夫从兜里掏出了信用卡，准备结账。这时，店员突然感到了很不对劲儿，她赶紧就报了警。警察到了在搜查时，在装满咖啡的杯子里找到了4件珠宝，原来这些珠宝都是夫妻二人用赝品替换下来的，所以接待的店员才没有这么快发现。通过进一步调查，警察发现夫妻二人连持有的贵宾卡都是假的。

请问你能想出店员是怎么发现破绽的吗？

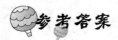参考答案

丈夫对收银员说妻子患病，所以手才会抖，要每隔半小时吃一次药，为了证明这一点，两人还在店员面前还特意"表演"了一次吃药的过程。可是，两人在店里已经待了整整一下午，如果真的需要半小时就吃一次药的话，至少也应该吃了五六次药了，可咖啡杯竟然还是满杯的，说明在这杯子里面一定有问题。

超天才的分析

第三章　解决问题的绝妙策略

出众不孤立，从众不庸俗

从前，有一个小国，经常下恶雨。雨水会下在河里、井里、城里、池里，人喝到它，就会狂醉 7 日后才会醒。

国王是一位明君。他能在风起云涌时，就知道恶雨马上就要下来了，便立刻派人将水井盖好，不让恶雨污染井水。

可是全国百姓，对恶雨的到来，既无先见之明，又无防范之智，所以都未能幸免地饮用了受到恶雨污染的水，于是举国皆醉，群臣都发了狂，他们脱衣裸体，泥土涂面，言行癫狂，举止错乱，以黑为白，以恶为善，只有国王因预先防范得宜，没有饮用被恶雨污染的水，所以能够保持清醒。

但这不是件好事。国王像平常一样，穿国王应穿的龙袍，戴国王应戴的王冠还一如往常一样坐在王座上，面见群臣。

上朝面君的群臣不知道自己已经发狂了，看见国王衣冠整齐，端坐王座，反而认为是国王发狂了，于是众议纷纷，认为此事非同小可，应对国王有所处治。

国正见状，内心暗自害怕，唯恐群臣造反，便对群臣说："我自有良药医治我的病，请你们稍候，我进去服药，很快就出来。"

话音刚落，国王就转身进入寝宫，脱去所穿的衣服，以泥土涂面，打扮得和群臣一模一样，然后出来和群匠见面。群臣看见国王的模样，无不欢喜雀跃，以为国王的病治愈了，国王不再癫狂了。于是，又重新叩拜国王。

这位国王的确有智慧，他知道在那样的时候选择从众来保护自己，而不是盲目从众。我们毕竟是生活在一个集体里面，要合群。"出众而不孤立，从众而不庸俗"。

2008 年 8 月 8 日，"体操王子"李宁在鸟巢点燃了主火炬。14 个世界冠军，106 枚国内外大赛的金牌，让李宁成为中国体育史上一座难以逾越的高峰。李宁说他辉煌成就的取得离不开他平时的业余爱好，画画、写字等业余爱好对他的体操事业有很大帮助。

2008 年 8 月 19 日，未成年人朱桦（化名）被依法逮捕。朱桦因沉迷于网络而辍学，此前几天在网吧因盗用他人账号上网被管理员发现后赶出网吧。怀恨在心的他纠集了两名男青年将网吧管理员殴打致残。

问题：上述事例说明了什么？

参考答案

高雅的生活情趣，有益于个人的身心健康，有益于事业的成功；庸俗的生活情趣，不利于青少年的身心发展，甚至会致人走上违法犯罪的道路。

北京市某校学生张伟华，在妈妈的带领下寻求帮助。张伟华迷上了网络游戏。他一放学就到网吧玩，有时深夜还跑到网吧玩，甚至还逃课去网吧玩游戏；由于经常盯着显示屏，造成视力下降、大脑疲劳过度，以致上课时常常打瞌睡，影响了学习；没钱玩游戏时就对妈妈撒谎说是要交钱给老师买书，甚至发展到勒索同学财物的地步。

同学们，你周围有没有沉迷于不健康、庸俗情趣的人？请举例说明他们的表现。

超天才的分析

【点点你】有。如看色情内容的书刊、音像制品，经常进入歌舞厅、电子游戏厅，酗酒、吸烟、赌博等。

【请专家支招】假如你是陶教授，你会为张伟华出哪些摆脱"网络陷阱"、使网络真正成为他提高学业辅助工具的金点子？

【小贴士】电脑是传递和处理信息的有效工具。青少年利用电脑和网络获取知识、信息，有利于拓宽视野，提高自身素质。青少年要牢记自己的社会责任，科学合理地安排作息时间，不能沉湎于电脑游戏之中。使用电脑上网要遵守网络道德，正确筛选网上信息，自觉抵制不健康信息的影响。

上海的一项调查：随着媒介消费时间比例的扩大化，手机、游戏机、动漫书等新媒介物品正快速成为中小学生书包的新成员，并伴随着他们学习与生活的每时每刻。在调查中，77%的教师和64.7%的家长认为目前我国媒介中色情、暴力、恐怖的内容较多，85%的教师和73.4%的家长对此表示担忧，56.8%的教师与29.2%的家长不知道如何解决这个问题。

问题：请你从青少年自身的角度，就如何抵制庸俗情趣提出几条合理化建议。

学会鉴别不同情趣，自觉抵制不良诱惑；多参加集体活动和丰富的文化活动，培养高雅情趣等等。

思维小故事

孤独老妪

特里警长来到了办公室，就开始研究桌子上的案情报告。警长拿起一份报告，看了看，对助手说："根据验尸报告得出结果，里德太太是两天前在她的厨房中被人用木棒袭击而死的。这位孤独的老太太这么多年来一直自己一人住在山顶上破落的庄园里，几乎都不与人联系。那么你觉得这是怎样的一起谋杀呢？"

"天，怎么会这样啊！我昨天凌晨大概4点钟的时候就接到一个匿名电话，说她被人谋杀了，但当时我还以为这又是一场恶作剧，因此到了现在还没有着手进行调查。"助手十分尴尬地说道。"那么我们现在就赶过去看看吧。"警长说。

到了案发地，助手便将特里警长引到庄园的前廊说："由于城里商店没有电话预约送货这项服务，所以只能写信订货，老太太连电话都很少打。除了一个送奶工和邮差是经常来这里，其余很少有人来，唯一的来客就是每周一次送食品杂货的男孩子。"

特里紧盯着放在前廊里的两摞报纸和一个空的牛奶瓶，然后坐在旁边的一把摇椅上，问道："谁最后见到的里德太太？""可能是嘉米，"助手说，"听她说前天的清早她开车经过时还看见老太太正在前廊取牛奶呢。"

"听别人说里德太太很有钱，在庄园里她就至少藏有 5 万元。我想这一定是一场谋财害命的凶杀案。凶手的手段非常狠毒，但是我们现在还没有找到任何线索。"

"应该说是除了那个匿名电话之外，我们还没有任何别的线索。"特里警长刻意地说道："凶手实在没有想到你会过了这么久才开始侦查这件事情！"

看来特里的心中已经推测到了谁是凶手，请问你猜到是谁吗？

参考答案

在调查时现场有两份报纸，可是却连一瓶新牛奶也没有。特里怀疑送奶工就是凶手，打匿名电话的也是送奶工。因为他认为警察在接到电话后会很快地开始着手侦查，这样他就不用再送牛奶了。

虚　心

【虚心的魏征】唐太宗问魏徵："史上人君，为什么有的明智，有的昏庸？"

魏征说："多听听各方面的意见，就明智；只听单方面的话，就昏庸。"

他举了历史上尧、舜和秦二世、隋炀帝等例子，说："治理天下的人君如果能够采纳下面的意见，那么下情就能上达，他的亲信要想蒙蔽也蒙蔽不了。"

唐太宗点头说："说得好！"

又有一天，唐太宗读完隋炀帝的文集，对左右大臣说："我看隋炀帝这个人，学问渊博，也懂得尧、舜好，桀、纣不好，为什么干出事来这么荒唐？"

魏征接口说："一个皇帝光靠聪明渊博不行，还应该虚心倾听臣子的意见。隋炀帝自以为才高，骄傲自信，说的是尧舜的话，干的是桀纣的事，到后来糊里糊涂，就自取灭亡了。"

一天，唐太宗得到一只雄健俊逸的鹞子，他让鹞子在自己的手臂上跳来跳去，赏玩得高兴时，魏征进来了。太宗怕魏征提意见，回避不及，赶紧把鹞子藏到怀里。这一切早被魏征看到，他禀报公事时故意喋喋不休，拖延时间。太宗不敢拿出鹞子，结果鹞子被憋死在怀里。

有一次，魏征在上朝的时候，跟唐太宗争得面红耳赤。唐太宗实在听不下去，想要发作，又怕在大臣面前丢了自己接受意见的好名声，只好勉强忍住。退朝以后，他憋了一肚子气回到内宫，见了他的妻子长孙皇后，气冲冲地说："总有一天，我要杀死这个乡巴佬！"

长孙皇后很少见太宗发那么大的火，问他说："不知道陛下想杀哪一个？"

唐太宗说："还不是那个魏征！他总是当着大家的面侮辱我，叫我实在忍受不了！"

长孙皇后听了，一声不吭，回到自己的内室，换了一套朝见的礼服，向太宗下拜。

唐太宗惊奇地问道："你这是干什么？"

长孙皇后说："我听说英明的天子才有正直的大臣，现在魏征这样正直，正说明陛下的英明，我怎么能不向陛下祝贺呢！"

这一番话就像一盆清凉的水，把太宗的满腔怒火浇熄了。

公元 643 年，直言敢谏的魏征病死了。唐太宗很难过，他流着眼泪说："一个人用铜作镜子，可以照见衣帽是不是穿戴得端正；用历史作镜子，可以看到国家兴亡的原因；用人作镜子，可以发现自己做得对不对。魏征一死，我就少了一面好镜子了。"

"人以铜为镜，可以正衣冠；

以古为镜，可以知兴替；

以人为镜，可以知得失。

魏征没，朕亡一镜矣！"

【反例】1999 年，多媒体垂直营销公司（MVM）成立，这是一家互联网门户网站。他们决定在富丽堂皇的华盛顿 Hay Adams 酒店举行一个盛大的新闻发布会。

当时公司新推出了一个叫 Fairfax Station 的体育资讯网站，网站内容设置得还不错，问题是他们推出的时机是 2000 年 6 月，因为当时宣布网站的成立已经不是什么新闻了。

2000 年，可以说每天都有网络公司宣告诞生，人们对于这样的网站的推出已经一点兴趣都没有了。公司的创始人却不这样认为，还满心希望会有一大群记者蜂拥而至，第二天争相报道他们网站的详情。

他们请了弗吉尼亚州的一家公关公司专门负责发布信息和协调媒体，这家公司也郑重其事地发函邀请一大群相关记者来参加他们的发布会。但是当那一刻到来的时候，他们遇到了一个极为尴尬的局面，一个记者也没来。这让他们有些无所适从了。

当时为 MVM 公司担任公关咨询的是一位名叫菲尔普斯的先生，他说："我们早就提醒过他们，现在没什么媒体对这样的新闻发布会感兴趣了。但是他们认为这个发布会很重要，而且以为全世界的其他人都会认同。他们既不愿意听取自己花钱请来的专家的意见，又自作多情地以己之心度人之腹，失败是必然的。"

的确，如果当初 MVM 公司的创始人听取了菲尔普斯先生的忠告，后来就不会有那么尴尬的场面出现了。

你需要从 MVM 的创始人那里吸取教训，在做一件你不熟悉的事情时，多向前辈们请教。前辈在公司待的时间久些，对里面的各种规章制度都比较了解，多和他们交流，有事多向他们请教，你就会很快对这个公司熟悉起来。对环境的熟悉能帮助你更好地工作。

老师都有自己的独特之处，有自己的特长，别人一时很难了解清楚，这就需要认真地听老师的话，对不懂的事更要表现出虚心的态度，切不可不懂装懂，这样才能尽快地被他人所接受。真心地尊重老师，向老师学习，老师自会给你带来宝贵的忠告和建议。

问题：从上面的例子，你懂得了什么道理？

 **参考答案**

如果你虚心你会知道你有很多都不懂，很多都要学习，虚心才会让你看到自己的不足之处，才会取长补短。骄傲是人类的弊病，改掉这个陋习才会让自己进步。

思维小故事

超天才的分析

司机劫包

事情发生在一天夜里，在瑞士的某个小镇上，有一名年轻女子跑到警察局报案。她对正在值班的警察说道：

"我自己一个人在路上走着，突然从后面开来了一辆汽车，我靠到公路左边，汽车从我的右边通过，就在车子靠近我的那刻，从汽车里突然伸出了一只手，将我的皮包抢了去。我只好赶紧前来报案，希望你们能尽快把这个劫匪捉住。"

"汽车里面一共有几个人？"警察问道。

"只有司机一人。"这位女子回答。

"那你还记得那辆车的车牌号码吗？"

"我当时紧跟着追了几步，看清车牌号码是9238。"

警方很快就找到了这个车牌号的汽车，但是很巧合的出现有两辆汽车都是这个号码，一辆是 A 国的，另一辆则是 B 国的。

请问那位劫匪所开的车到底会是哪一辆呢？

（提示：A 国的交通规则规定行人和汽车都是靠左行驶，B 国是靠右行驶。）

抢劫这位姑娘的一定是 B 国的司机。

因为根据规定靠右行驶的国家的司机座位会在车的左边，而规定靠左行驶的国家的司机座位将是在车的右边。由于劫匪当时只有一人，得一边开车一边抢女子的包，而且他又是从女子的右侧抢走的包，所以能够断定司机的座位肯定是在左边，便是 B 国的司机。

沉默的智慧

首先，沉默并不等于无言，它是一种积蓄，蓄势以待爆发的过程。就如同拉弓蓄力，为的是箭发时能铮铮有力，直冲云霄。

战国时，楚庄王继位 3 年，没有发布一条法令。左司马问他："一只大糊涂鸟落在山丘上，3 年来不飞不叫，沉默无声，为何？"

楚庄王答曰："3 年不展翅，是要使翅膀长大；沉默无声，是要观察、思考与准备。虽不飞，飞必冲天；虽不鸣，一鸣惊人！"

果然，又过了一年，楚庄王听政，发布了 9 条法令，废除了 10 项措施。处死了 5 个贪官，选拔了 6 个进士，于是国家昌盛，天下归服。楚庄王不做没有把握的事，不过早暴露自己的意图，所以能成就大业。这正是大器晚成，不鸣则已，一鸣惊人！

大地的沉默孕育了金秋的收获；雄鹰的沉默蕴力冲击；冬日的沉默更是孕育出一片姹紫嫣红的春天。古人云："君子厚积而薄发。"没有孜孜不倦的耕耘，哪有成功的喜悦，哪有胜利的欢呼？

十年寒窗无人问，一举成名天下知。人们往往只看到博学的侃侃而谈，却忽视了他寒窗苦读的默默无闻；人们往往只赞扬潇洒自如的谈吐，却小看了正在沉默中蕴量的思考。

其次，形式上的静止，并不代表思考的停滞。正相反，深刻的思想，正是来源于那些看似沉默的思考过程。有的人喜欢夸夸其谈，将并不成熟的思想过早地说出来。

这样，对于他自己，失去了进一步思考、提高的机会，使原来可能很有价值的想法，随口溜走了；而对于听的人，由于说者滔滔不绝，很容易忽视了其谈话的重点及核心，随耳一听罢了。

还有的人因为说话前缺少足够的思考和言语的组织，造成言不达意或逻辑不清，反而影响了感情的交流，真是欲速则不达！难怪有人要感叹："要了解一个人的思想，最好是看他写的文章，而不是和他交谈。"

为什么？因为人们在写文章前会仔细推敲，然后才落于纸墨，所以清楚、流畅。由此可见，思想需要语言的形成，更需要经过冷静思考和反复推敲润色的过程。上帝创造人的时候，为什么给人两只眼睛，两个耳朵，一个大脑和一个小脑，而却只给人一张嘴巴呢？那就是为了让人多看，多听，多想而少说两句！不是吗？沉默的确是金。

沉默并不是叫人都不要说话，而是希望人们深思熟虑三思而后说。让思考的火花在沉默中放出光彩，让语言的艺术在思考中得到升华！

沉默就是金，因为：此时无声胜有声。

"天不言自高，地不言自厚"，"言多必失，沉默是金"。话多，不能说明你贤；话少，不表明你无知，所以要少说话或不说话。

沉默是一种美德。不经意中受到他人伤害、面对挑衅、被人误解，沉默是宽容，沉默有助于和谐社会的构建。

沉默是有力的武器，是力量的蓄积。开口说话很重要，但更重要的是适宜。片刻的沉思会使你说出的话更准确更有效。邓小平同志指出，少争论、多干事。沉默意味着重行动而不重言辞。

沉默更是人权。沉默权制度的确立，谁能说不是有效地保障了人权？瑞士制定的西方第一部银行保密法，才造就了世界上最令人信服的银行！穆罕默德和天使离开阿里，是因阿里反骂路人，苏格拉底双倍收学费，是因青年喋喋不休，这正是沉默是金的反证。

沉默是音乐中的休止符。沉默不是一味地不说话，许多时候我们必须开口，但重要的是，要找到恰当的话，即使片刻的沉思，也会使你说出的话更准确，更有效。沉默相当于数字中的 0，尽管是 0，却很关键。沉默相当于音乐中的休止符，有了它才会使音乐更有节奏。沉默是一种处世哲学，用得好时，又是一种艺术。

沉默是力量的积蓄。如果不是多年的沉积，能有茅台酒开瓶后的芬芳吗？在言语浮躁的时代，难道不应该少说多干，行胜于言吗？祥林嫂命运不正是沉默非金的悲剧？

沉默是宽容的美德，是深沉、是积蓄、是成熟的标志，是适时地言语。沉默是价值的选择。

问题：1. 为什么说沉默就是金？

2. 如何正确理解沉默？

参考答案

1. 此时无声胜有声。

2. 首先，沉默并不等于无言，它是一种积蓄。其次，形式上的静止，并不代表思考的停滞。沉默并不是叫人都不要说话，而是希望人们深思熟虑三思而后说。

思维小故事

特殊炸药

正在深夜寂静的时候，突然"轰隆"一声巨响，村里的人全都从熟睡当中惊醒过来。大家急忙跑到屋外观看情况，原来是农场主 A 先生的仓库

里发生了爆炸。

当警察赶到现场的时候，火已经被村民们扑灭了，警方无意中看到了仓库内除了被火烧剩下的一些农药，一些煤油，还有就是农场主 A 先生的尸体和他的手中拿着的一盘蚊香。在仓库里会存放着稻草本来就够奇怪的了，A 先生会拿着蚊香进入仓库就更是让人感到疑惑万分了，难道 A 先生是想拿那蚊香到仓库里来熏蚊子吗？不可能啊，没有这个必要啊，而且 A 先生是出了名的铁公鸡，他怎么会舍得白白点蚊香呢？当警方向村民们问到 A 先生会不会是自杀时，村民们都纷纷说这不可能。A 先生最近一直心情很好，还打算过几天到外省去旅游，情绪很高，而且说他上个月刚把自己的财产保了险，怎么会在这时自杀呢？

通过警方的进一步调查，认为 A 先生的死因有以下几点十分可疑：

①A 先生为什么会把蚊香拿进仓库里？

②一向很富有的 A 先生的仓库里为什么那么空？

③仓库中的那种农药和煤油混在一起，遇明火很容易爆炸，这次的爆炸就是它们引起的。A 先生是个博学多才的人，肯定知道这些化学原理，为什么还会把它们放在一起呢？

说到这，很多村民都知道了爆炸发生的原因和 A 先生为什么会死了，你知道死因是什么了吗？

 参 考 答 案

农场主 A 先生是想要烧掉仓库以骗取保险金，他准备用蚊香延长引爆时间，以造成自己不在场的假象，结果突发意外，一个不小心炸死了自己。

学会选择，懂得放弃

【小故事】不懂得选择与放弃只有死路一条。一位老爷爷用纸给我做过一条长龙。长龙腹腔的空隙仅仅只能容纳几只半大不小的蝗虫慢慢地爬行过去。但老爷爷捉过几只蝗虫，投放进去，它们都在里面死去了，无一幸免！

老爷爷说：蝗虫性子太躁，除了挣扎，它们没想过用嘴巴去咬破长龙，也不知道一直向前可以从另一端爬出来。因此，尽管它有铁钳般的嘴壳和锯齿一般的大腿，也无济于事。

当老爷爷把几只同样大小的青虫从龙头放进去，然后再关上龙头，奇迹出现了：仅仅几分钟时间，小青虫们就一一地从龙尾默默地爬了出来。

蝗虫的死是因为它不懂得去选择，它只知道不停地挣扎，也不懂得放弃，所以只有死路一条；而青虫却恰恰相反，它懂得放弃，知道如何去选

超天才的分析

125

择，它活了下来。

【大道理】命运一直藏匿在我们的思想里。许多人走不出人生各个不同阶段或大或小的阴影，并非因为他们天生的个人条件比别人要差多远，而是因为他们没有想过要将阴影纸龙咬破，也没有耐心慢慢地找准一个方向，一步步地向前，直到眼前出现新的洞天。

从前，在一个村庄里，有3个要好的朋友，一个是很有钱的，一个是很爱读书的，另一个是为人所知的学者（像孔子一样的，值得大家信任的）。

一天，他们出海远航，想到另一个村庄去闯闯。他们坐在一个不大不小的小舟里，有钱人带了一大笔金银珠宝，以便到了目的地可以更好地开始新生活；读书人带了一大捆书，为了在船上不寂寞，而那个学者却什么也没带。

路上，正巧碰上了暴风雨，船主要求他们把东西扔掉一些，为了更好地航行。有钱人不舍得自己的金银财宝，就教唆读书人把书都扔了，而读书人也不舍得自己心爱的书，也要求有钱人把财宝扔了。

学者见状，对他俩说："有钱人，你要想想，当初你是怎么白手起家的，为什么不把财物扔了？保全性命之后，也可以从头开始，况且，这只是你财物的一部分，不是吗？读书人，你读了那么多书籍，那书中的内容都在你的脑海里，有什么可在乎？知识都已经在你的肚子里了。"有钱人听后，把财物都扔了，读书人也一样。

之后他们顺利地到达了彼岸，正如那个学者说的，有钱人一样白手起家，而读书人当上了私塾的老师。

很久以前，一个人请教智者。智者带他到一条由五彩石铺就的小路，给他一个背篓，要他把小路上他喜欢的石头都捡进背篓里。此人无论是什么颜色的石头都一一捡进去。终于，他双肩沉重得支持不住，一跤跌倒。

智者见状，让他把最喜欢的石头留下，其余的统统扔掉。这样一来，他顿感轻松无比，很快抵达尽头。虽然他放弃了五彩斑斓的石头，但他获得轻松、愉快的心情并取得了成功。因此我们应学会放弃。

【放弃的获取】古今中外有许多人的成功都是建立在放弃中的，但他们却不会由于选择放弃而彷徨。因为残酷而痛苦的放弃之后，才有机会获得崭新的生活，取得事业的成功。

鲁迅弃医从文，才有了今天的《孔乙己》；梵·高拒绝做传教士而做了画家，才有了今天的《向日葵》；比尔·盖茨放弃了在哈佛大学深造的机会，投身商海，才有了今天的微软公司。

记得曾经看过这样一则寓言故事：有两条河流各从源头出发，相约流向大海。它们穿过山涧，来到了沙漠的边缘。

一条河流说："我一定要流过去。"

另一条则说："不如回去再辟新径吧。如果继续前进，我们可能走不出沙漠就干涸了。"

结果一条河流继续前进，干涸在沙漠里；另一条回到源头，再辟新径，最终流向了大海。

第二条河流不正是因为放弃而获得新生的吗？放弃可能是痛苦的，但是你的每次放弃都将无愧于自我，学会了放弃你才能够向成功的彼岸迈进。放弃不但能使人取得成功，也能使人生更有价值。

一张法制报上登载这样一件事。一位以捡破烂为生的老人，见到了一个装有十几万现金的皮包。面对着十几万元的诱惑，这位老人选择了放弃，把钱如数交给了警察。这十几万元是这位以捡破烂为生的老人终其一生也赚不到的，但他选择了放弃。

虽然他放弃了十几万元的巨额现金，但他获取了人生的价值。

我们学生也一样，应学会放弃。在周末，我们放弃了休息玩耍的时间，发展特长，看似我们是放弃了，但我们使生活更充实；考试时，我们放弃了一道苦思冥想也不会做的填空题，把更多时间放在完成会做的题上，看似我们放弃了，但我们获得的更多；要装进一杯清泉，你就必须选择倒掉已有的陈水；要获取一枝玫瑰，你就必须选择放弃到手的蔷薇。

虽然你放弃了，但同时你也获得了。在我们的生活中，我们会遇到一个又一个的十字路口，太多的选择，太多的放弃，就在这选择与放弃中我

超天才的分析

们走向了成熟，走向了成功的彼岸。

同学们，学会放弃吧，相信今天的放弃也许正孕育着明天更大的成功！

问题：鲁迅弃医从文，才有了今天的《孔乙己》；梵高拒绝做传教士而做了画家，才有了今天的《向日葵》；比尔·盖茨放弃了在哈佛大学深造的机会，投身商海，才有了今天的微软公司。你懂得了什么？

参考答案

成功都是建立在相对的放弃中的。

思维小故事

越狱妙法

B国有一个警卫十分森严的监狱，监狱周围砌有30米高的围墙，墙上装有高压电网，那些犯人是绝对不可能越墙而逃的。

但是，就在一个乌云遮月的黑漆漆的夜晚，有一名囚犯居然成功地逃离了监狱。这名囚犯原本是一位十分正直的律师，因为非常重义气而被他人陷害入狱，很多好心人都在精心策划着将他救出监狱。

这位律师越狱时是有人接应的。他用外面被偷偷运送进来的铁锯锯断了囚窗上的防护铁棍，再将床单结成绳子而逃出牢房。可是，令狱卒们感到奇怪的是，律师的脚印一到监狱中央的广场上就不见了。在这监狱的周围是不可能有地道的，唯一一个可以逃走的出路是空中。但是，由于案发时是晚上，没有人听到直升机的声音，大家都知道直升机的动静可是相当大的。那么请问你能够猜出营救律师的那些热心的朋友是用什么方法把他救出监狱的吗？

参考答案

其实律师的朋友是把气球用油漆涂成了黑色，在气球的下方垂上一条黑绳，计算好了风向，在计算定好的时间内在监狱的外面将气球放飞升空，在气球飘到狱内广场中央的时候，律师抓到绳子便可跟着气球一同升空。

超天才的分析

居安思危

春秋时期，各诸侯国互相攻伐，战事不休。晋、楚两个大国为争夺中原地区的霸权，更是经常发生冲突。

晋厉公在位时，由于沉迷酒色，信任奸臣，随意杀害大臣，搞得晋国

民心不稳，内乱不断。因此，楚国的势力渐渐占了上风。

公元前573年，晋大夫栾书、中行偃发动政变，杀死了暴君厉公，并把住在国外的公子姬周接回国，拥他为国君，称晋悼公。悼公年轻有为，举贤任能，革新朝政，节用民力，晋国又开始逐渐兴盛起来。

当时，晋国北方散居着许多少数民族游牧部落，他们被统称为戎狄，经常出兵侵扰晋国边境地区。

公元前569年，无终部落的首领嘉父派使者孟乐带着贵重的礼品来找晋大夫魏绛（jiàng），托他引见悼公，请求晋国与诸戎结盟讲和。魏绛表示同意。魏绛面见晋悼公说明此事后，悼公不同意。

悼公对魏绛说："戎狄贪而无亲，只能靠武力解决。"

魏绛劝谏说："现在中原地区的兄弟国家经常受楚国欺凌，往往被迫屈服，他们盼望着晋国去援助。如果我们对戎狄用兵，万一中原有事，怎么还有力量去对付呢？"

晋悼公觉得有道理，就采纳了魏绛的意见，并且派他主管"和戎"事务。魏绛带着使命到北方戎狄各部去，与诸戎缔结了互不侵犯的盟约。从此，晋国基本上解除了后顾之忧，力量更加强大了。

当时的郑国，虽然是和晋同姓的兄弟国家，但由于楚国一再出兵攻打，无力抵御，只好背晋投楚。晋悼公非常恼火，决定会合宋、卫、齐、曹等12国军队对郑用兵，以示惩戒。

公元前562年9月，诸侯联军直逼郑都新郑东门。郑简公感到十分恐慌，马上派王子伯骈（pián）去诸侯营中请罪求和。晋悼公同意讲和。为了表示谢罪，郑简公给晋悼公送去了许多礼物，其中有3个著名的乐师、16个歌伎，还有一批珍贵的乐器。

晋悼公感到十分高兴，他想起了魏绛和戎的功劳，决定把郑国送来的礼物分出一半，赏赐给魏绛。

魏绛听后，谦逊地说："这完全是君王的威德和各位大臣的功劳。古书上说：'居安思危'。能思就会有备，有备可以无患。君王如果能够牢牢记住，就可以永远享受今天这样的欢乐了！"

"居安思危"意为处在安逸快乐之中，要经常考虑可能出现的危难。

有一天，狐狸遇到了老虎，被老虎一抓就抓住了。老虎把狐狸抓在手里，对它说："上回你狐假虎威，害得我在百兽面前丢尽了面子，看我今天非把你吃了不可。"

狐狸一下子吓坏了，可是它眼珠骨碌一转就想出了一个鬼主意。它对老虎说："老虎大王，我这么小，就算你吃了我也不够饱，再说我身上也有狐臭。所以请您高抬贵手放了我吧，我还可以带你去找梅花鹿和野狼让你填饱肚子呢。"

老虎想了想说："如果你再骗我，我就把你打成肉饼！"

狐狸急忙说："不敢，不敢。"于是狐狸就在前面带路，老虎在后面跟着，它们走没几步就到了野狼家。

狐狸轻轻地敲了几下门，野狼一开门见是狐狸，连忙打招呼："狐狸兄弟，你今天怎么有空来看我？"

狐狸说："对不起了，野狼大哥，我为了活命而背叛了你。"

老虎急忙站出来说："这会儿我可以填饱肚子了。"

于是野狼倒退两步，摆出了一副拼命的架势，老虎一看想：今天，我吃了它一定能吃得了，但看看它的那么锋利的牙齿，肯定要被它咬上两口，那可要痛上两三个月呀！不合算！于是便对狼说："你小子好运，今天我不想吃你，可不要让我再碰见你！"

转身又对狐狸说："走，带我去找梅花鹿。"

它们又大摇大摆地来到梅花鹿家，因为梅花鹿对危险毫不防备，所以成了老虎的美味午餐了！

就这样，狐狸靠狡猾活了下来，狼靠它的牙齿活了下来。

我们不能学狐狸出卖朋友，但我们要在安全时想着危险，这样才能有备无患。

问题：同学们，从这个故事中得出什么感悟？

超天才的分析

　　我们不能学狐狸出卖朋友，但我们要在安全时想着危险，只有居安思危才能有备无患。

思维小故事

听不到的爆炸声

　　加里森敢死队接受一项任务，要窃取德军最新研发的一种新式武器的设计图纸。图纸藏在了一座古堡的密室当中，在这座古堡的周围有一条20

多米宽的护城河，他们根据情报知道了密室与河堤之间只隔着一道墙。如果在夜间潜水游近那道墙，事先选好地点，用水雷将墙炸毁，就可以顺利地进入密室，拿到他们想要的图纸。于是，加里森等一同前往的6人坐上了轰炸机，在一个漆黑的夜晚飞向了这座古堡。飞机才刚刚起飞没走多远，有一位队员就大声说道："我在来之前就已经把遗嘱写好了，因为我知道咱们的这次行动很难安全脱身。"其他人也顿时感觉到了，谁说不是啊，水雷在夜深人静时一爆炸，德军肯定会用重火力封锁爆炸的地方，就是取走了图纸，想要安全撤离恐怕不太可能。队长加里森却淡定地微笑道："你们就放心吧，我的队友们，我早就已经策划好了，德军根本不会注意到爆炸声的。"

请问这究竟是为什么呢？德军不可能听不到轰轰的爆炸声吧？

参考答案

其实加里森早就想到了这一点，所以他才会决定乘坐轰炸机去完成这次任务。他会在队员潜水安放炸弹的同时，安排轰炸机对古堡进行空袭。在一片轰炸声中，德军肯定不会注意到水下水雷的爆炸声。

速　度

很多人都知道，在我国广袤的沙漠上，生活着一种普通的植物——梭梭。它们被誉为"沙漠梅花"和"沙漠卫士"，是我国荒漠区最重要的植被类型，也是亚洲荒漠区分布面积最大的一类植被。

众所周知，沙漠地区环境十分恶劣，要想立足其中，困难自然不小。但是，梭梭树做到了。作为灌木植物，它们虽然一般只有三四米高，外形

也不出众，可是梭梭树丛顽强挺立，迎风顶沙，给沙漠带来了生机和活力，成为沙漠独特的景观，也成了戈壁沙漠最优良的防风固沙植被之一。

当然，被称为"沙漠植被之王"的梭梭，成功并非来自侥幸。它们成功的秘诀就在于速度，无与伦比的速度。专家经过研究发现，梭梭的种子是世界上发芽时间最短的种子，只要遇上雨水，短短的两三个小时之内它就能萌发新的生命。

相比之下，即使是发芽时间比较快的稻谷、花生等农作物，发芽时间也需要三四天，要是椰树的种子，发芽则要两年多。而梭梭的种子，面对着干旱异常的天气，面对着恶劣的自然环境，它们从来不观望，不犹豫，不拖泥带水，只要雨水一来，它们就在几小时内迅速生根发芽，快速地生长繁殖，蔓延成片。

这样快捷的速度，不能不让人吃惊。其实，仔细想一想，我们追求成功又何尝不应当如此呢？可以说，对于生活，对于人生，我们谁都有许多想法，但由于迟迟没有付诸行动，结果多少光阴过去，却只能停留在计划中。如果有朝一日忽然发现，我们因为缺乏当机立断的决心，已经错过了生活，那会让人多么难受与悲伤。

在我们的一生中，没有人会为你等待，没有机遇会为你停留，成功也需要速度。带着积极的心态，及时抓住机会，不断进取，不停拼搏，才有可能创造成功。如果按部就班、谨小慎微，在应该起而行动时，坐等机会溜走，就会时时落后、事事落后。要知道，光说不做，只想不行动，既不能增加成功的砝码，也无法增加人生的能量。

古人云："激水之疾，至于漂石者，势也。"速度决定了石头能否在水上漂起来。同样，要想拥有成功，就需要赋予人生足够的速度。这是成功者的姿态，也是胜利者的姿态。

有一个拳击手非常刻苦也很聪明，他每天练拳10小时以上，而且非常注重提高速度，他认为快速就是制胜的不二法门。经过努力，他的速度越来越快，不仅是出拳，连躲闪速度也变得越来越快。

有了如此迅速的攻击与防守，他的成绩扶摇直上，连赢了99场比赛，那些拳手都不如他快，最终在比快的过程中落败了。如果能赢得第 100 场比赛，他将成为新一代的拳王。

很快，第 100 场比赛的对手出现了，这同样是一名连胜了 99 场的高手，同样以快速著称。

比赛的那一天，两人在赛场上一交手就立刻亮出自己的绝技，打得越来越快，渐渐地，他觉得自己似乎在和另一个自己过招，对手的每一招似乎都在自己的算计之中，但因为速度不相上下，两人都无法战胜对方。

为了争取胜利，他咬着牙不断提高自己的速度，这时，他看到了对手眼中的一丝慌乱，他得意地想，对方一定是体力不支跟不上自己的速度了，不出三招，自己一定能打倒他。

但是出乎意料的事情发生了，仅仅过了一招，比赛就分出了胜负，令人惊奇的是，被打倒在地的一方竟然是速度越来越快的他。

面对高速运转的他，对方只是突然放慢了速度，然后，他就惊愕地发现，自己的脸主动撞上了对方的拳头。

原来，在超过极限的速度下，他只能习惯性地打出每一招，而根本无法控制自己，对方正是看到了这一点，才突然放慢速度，从而获得了最后的胜利。

在倒下的那一刻，他才终于明白，快速其实只是拳法中的一招而已，如果过于执著于速度，就会成为速度的奴隶，也会败在速度上面。

其实，在生活中，我们也往往因为过于执著于某件事情而丧失自我，从而导致失败，我想，作为一个心存理想的人，要做的最重要的事情是时刻保有一个清醒的头脑，只有这样才能掌控方向，即使暂时失败也会有东山再起的机会，而只要坚持正确的方向稳步前行，快与慢其实并没有什么不同。

与快捷的速度相反的是疲沓、散漫、松垮、拖拉。领受任务后，慢慢吞吞，磨磨蹭蹭，半天不见动静。说他思想不通吧，也没见有什么反对的表示；说他接受任务了吧，又不见有什么行动。一个任务交代下去后，就石沉大海，半天不交作业。老师批评了，他就那么听着，既不反驳，也未

超天才的分析

认同。下次行动，还是老样子。老师用土话形容，就是"肉得很"。这样的学生，是没有一个老师喜欢的。

当今是快鱼吃慢鱼的时代，我们学生要善于抓住时间，汲取知识，提升我们自己的全面的素质，速度是决定成败的关键因素。

我们学生要是没有养成雷厉风行的好作风，缺乏时间观念，决策迟缓，办事拖拉，那么，时间就会在我们的拖拉之间悄悄地溜走，被我们的迟缓轻而易举地浪费掉。

【跑慢会被吃掉】讲个小故事：有两个人在森林里走着，突然前方出现了一只大老虎。其中一个人马上从背后取下一双轻便的运动鞋换上。另外一个人非常着急，喊道："你干什么呢，再换鞋也跑不过老虎啊！"然而换鞋的人却喊道："我只要跑得比你快就行了。"

说这个换鞋的人聪明也好，狡诈也罢，如果说最后要有一个人丢掉性命，十有八九不会是这个人。在两个人竞争只有一个人有存在的机会，这时，只有跑在前面的人才能获得不被淘汰的机会。

机遇是十分可贵的，正所谓机不可失，时不再来，在进退之间不能把握时机者，必将一事无成，遗憾终生。凡成大事者，他们可以在机会中看到风险，更能在风险中抓住机遇。

能迅速抓住机遇的人才能获得成功，对于那些随遇而安、犹豫不决的人来说，机会即使摆在他面前，他也把握不住。那么多双手都在等着把机会倾入自己的囊中，你没有时间犹豫不决，必须迅速做出抉择。

西奥多·罗斯福有句名言："在你做决定的时候，最好的情况是你选择了正确的决定，其次是做出了错误的决定，最差的就是你什么决定都没做。"如果你现在有想做的事情，那么就马上去做。如果你想去参加班级中班长的竞选，那就去；如果你有事想找老师谈谈学习方法，那就去；如果你决定要背单词现在就去……这是一个讲究"快"的时代，不要让自己迟缓的行动毁掉自己的前程。

问题：同学们，你做事与速度有关系吗？

参考答案

我们做事要注重速度，要注意培养自己雷厉风行的作风。

思维小故事

心理测验

肃静的法庭上，正在开庭审理着一件预谋杀人案。

瑞凡被人控告在一个月前杀害了菲尼克斯。在警察和检察官的搜检调查下，无论是从犯罪动机、作案条件还是从人证、物证上都对嫌疑人十分不利，虽然到了现在警察还没有找到被害者的尸体，但是公诉方觉得现在的这些证据已经完全可以将他定为一级谋杀罪。

瑞凡特意请来了一位很有名的律师为他进行辩护。在大量的人证和物证面前，律师感到胜机渺茫，但是怎么说他也是位熟读本国法律的专业律师，他灵机一动，将辩护内容变换了一个角度，淡定从然地说道："确实，从这些证词听起来，我的委托人似乎是犯下了谋杀罪。可是，迄今为止，现在还没有发现菲尼克斯先生的尸体。也就是说，还可以做出这样的推测，就是凶手使用了巧妙的方法把被害者的尸体藏匿在一个非常隐蔽的地方或是已经将尸体毁灭了。但我想在这里问一问大家，要是事实证明那位菲尼克斯先生现在还活着，甚至能够出现在这法庭上的话，那么大家是不是还会继续觉得是我的委托人瑞凡将菲尼克斯先生杀死的呢？"

陪审席和旁听席上发出了一阵嘘笑的声音，这似乎是在讥讽这位远近闻名的大律师居然会提出这么一个没有法律常识的问题来。法官看了看律师说道："那你继续说下去吧，你到底是想要表达什么意思呢？"

"其实我想要表达的就是这个意思。"律师边说边走出法庭和旁听席之间的护栏，几步走到了陪审席旁边的那扇侧门的前面，用整座厅里的人都能听得清楚的声音大声地说道："现在，就请大家注意看我！"说着，一下拉开了那扇门……

所有陪审员和旁听者的目光全都投到了那扇侧门上，但是被拉开的门里什么也没有，没有出现任何人影，当然更没有看到那位菲尼克斯先生……

律师慢慢地关上了侧门，回到了律师席中，静静地说道："大家请不要以为我刚才的那个举动是在对法庭和公众开玩笑，我只是想向大家证明一个事实：即使公诉方提出了许多所谓的'证据'，但是直到现在，在这法庭上的各位女士、先生，包括各位尊敬的陪审员和检察官在内，谁都无法肯定那位所谓的'被害人'确实已经不在人间了。是的，菲尼克斯先生并没有在那个门口出现，这只是我在合众国法律许可范围之内采用了一个即兴的心理测验方法。刚才整个法庭上的人全都将目光投向了侧门的门口，从这个举动就可以看出大家都在等待着菲尼克斯先生在那里出现，从而也可以证明，在场每个人的心里面对菲尼克斯会不会已经不在人世了都存在着怀疑……"说到这时，他停了一会儿，将声调提高了些，并且借助大幅度挥动的手势来加重着语气，"所以，我要大声疾呼：在场这12位公正严明的陪审员，难道就是凭着这些连你们自己都感到怀疑的'证据'就能判定我的委托人就是'杀死'菲尼克斯先生的背后元凶吗？"

顿时间，法庭上秩序大乱，大家都开始议论纷纷，纷纷称赞着律师的妙言，新闻记者竞相奔往公用电话亭，给自己报馆的主笔报告审判境况，猜测到律师的绝妙辩护有可能会令被告瑞凡被法庭宣判无罪释放。

当最后一位排着队打电话的记者挂断电话回到法庭时，他和他的同行们听到了陪审团对这一案件的判定，那是和他们的推测完全相反的结果：陪审团一致认为被告瑞凡有罪！

请问，这一判定又是根据的什么原因呢？

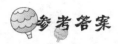

作出以上判定的原因是坐在被告席对面的主审法官提醒了陪审团：刚才，在律师进行那场"即兴的心理测验"的时候，让全场人的目光确实都投向那扇侧门，可唯独只有被告人瑞凡没有这样做，他仍旧淡定地坐在那里一动没动。由此，可以判定出，在全场的所有人中只有他最明白：人死了是永远都不会再活过来的，被害人菲尼克斯先生又怎么会在法庭上出现呢？

超天才的分析

眼耳并用

　　当今社会是信息时代的社会，在我们的日常生活中，我们时时刻刻都需要信息的帮助。比如，上学乘坐地铁和汽车，如果不知道买票地点和开车时间，那么你就无法出行；买东西时，要先了解物品的性能；在期末考试前，信息更是重要得很，在考试以前，老师一般会画重点，发一些复习资料，总结考前信息，其实这些资料和重点里面有些涵盖了许多期末考试题，如果你能充分理解和运用老师给你的这些信息，那么考试将会是非常容易的。而那些不注意搜集这些信息的同学很可能会复习得很辛苦。

　　搜集尽可能多的有关学习方面的信息，对于未成年学生是很重要的，特别是刚入学的小学生。因为是刚进入校门，你还没有学过太多的知识，接触的内容少，这就需要你在平时眼观六路，耳听八方。听到学哥学姐们在交流学习方法，你可以竖起耳朵听，从中得到对自己适合的学习方法信息。这些平时的积累，到关键的时候就会发挥它们的作用。而如果你平时不去注重信息的收集，在学习中，你很有可能不知道如何着手。

思维小故事

新婚诈骗

　　杰克和汉娜这对恋人在海港旁的教堂举行了结婚仪式，随后又顺路去了码头，准备启程出海欢度蜜月。对于在两个月前才开始爱情的甜蜜的两位新人来说，这真是如同闪电般的婚礼，所以在结婚仪式上只有神父一个人在场，连旅行护照都还是汉娜的旧姓氏。

码头上停泊着一艘国际观光客轮，轮船马上就要起航了。小夫妻俩刚刚蹬上了舷梯，两名身穿制服的二等水手就早已在船口进处等着了，水手们微笑着接待了汉娜。丈夫杰克好像坐过几次这艘观光船，对船内的情况十分熟悉。他拉着新婚妻子来到了一间写着"B13 号"的客舱前停下，夫妇俩终于安顿了下来。

"亲爱的，你要是带了什么贵重物品的话，还是存放在事务长那儿吧，会比较安全。"

"嗯，我带了 2 万美元，这是我的所有财产。"汉娜把钱全都交给了丈夫，请他送到事务长那里存放。

可是，汉娜等了好久还不见丈夫回来。这时船上的汽笛响了，船已经开出了码头。汉娜赶紧跑到甲板上寻找丈夫，可怎么也没有找到丈夫的踪影。她心想可能是走错了，就又急急忙忙返了回去，但是却在船上迷了路，怎么找也找不到 B13 号客舱了。她顿时感到很茫然，只好向路过的侍者询问。

"B13 号？没有那种不吉利号码的客舱呀！"侍者脸上露出不可思议的神色答道。

"可是我丈夫的确是以杰克的名字预定的 B13 号客舱啊。我们刚刚上船还把行李放在了那间客舱里。"汉娜解释道。她请侍者帮她查一下乘客登记簿，但房间预约手续是用汉娜的旧姓氏登记的，客舱是"B16 号"，而且，不知道什么时候，她自己的行李已被人搬到了那间客舱里。登记簿上根本就没有写过杰克的这个名字。事务长也说不记得有人在他那里寄存过 2 万美元。

"天哪，那我的丈夫到底会跑到哪里去了呢？"汉娜感到不知所措。她找到了上船时在舷梯上微笑着迎接过她们的二等水手，心想或许他们会记得自己丈夫的事情，便找到了他们进行询问。可是二等水手的回答让安娜更是伤心迷惘。

"嗯，是的，我们记得您，您是在快开船时最后上船的那位乘客，所以我们印象特别深。但是当时您的旁边并没有别的乘客啊，我发誓当时只

有您一个乘客。"二等水手回答道，看上去他并不像是在撒谎。

汉娜一直等到了天黑，依然没有看到丈夫的踪影。他居然悄无声息地不见了。一夜都没有睡的汉娜，第二天早晨天刚蒙蒙亮就被一个蒙面人用电话叫到了轮船的甲板上，差一点儿被他推到了海里，幸好在这时有一位名侦探正在这艘船上度假，及时解救了她，随后这位侦探很快就查清了此事的前因后果。

令人感到奇怪的是，二等水手确实是没有撒谎，那么你知道到底是怎么回事吗？

参考答案

汉娜的丈夫其实是个结婚骗子，也是该观光客轮的一名一等水手。为了骗取汉娜的2万美元，他使用了假的姓名，隐瞒了水手身份，和汉娜闪电结婚了。

到了码头，他和汉娜一起登上舷梯时，没有穿制服，穿的是便服，以防暴露身份。二等水手以为是上岸的一等水手回来了，当然怎么也不会想到他是汉娜的丈夫。所以在汉娜向他询问时，说了那样一番回答。

如果是船上的一等水手，在船舱的门上贴假号码、更换房间更是有可能的。在事发的第二天早晨，打电话将汉娜叫到了甲板上想要杀害她、推她入海的也是他。

清醒地远离陷阱

一个农夫进城卖驴和山羊，山羊的脖子上系着一个小铃铛，3个小偷看见了。

一个小偷说："我去偷羊，叫农夫发现不了。"

另一个小偷说："我要从农夫手里把驴偷走。"

第三个小偷说："这都不难，我能把农夫身上的衣服全部偷来。"

第一个小偷悄悄地走近山羊，把铃铛解了下来，拴到了驴尾巴上，然后把羊牵走了。农夫在拐弯处四处环顾了一下，发现山羊不见了，就开始寻找。

这时第二个小偷走到农夫面前，问他在找什么，农夫说他丢了一只山羊。小偷说："我见到你的山羊了，刚才有一个人牵着一只山羊向这片树林里走去了，现在还能抓住他。"农夫恳求小偷帮他牵着驴，自己去追山羊。第二个小偷趁机把驴牵走了。

农夫从树林里回来一看，驴子也不见了，就在路上一边走一边哭。走

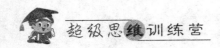

着走着，他看见池塘边坐着一个人，也在哭。农夫问他发生了什么事。

那人说："人家让我把一口袋金子送到城里去，实在是太累了，我在池塘边坐着休息，睡着了，睡梦中把那口袋推到水里去了。"

农夫问他为什么不下去把口袋捞上来。那人说："我怕水，因为我不会游泳，谁要把这一口袋金子捞上来。我就送他 20 锭金子。"

农夫大喜，心想："正因为别人偷走了我的山羊和驴子，上帝才赐给我幸福。"于是，他脱下衣服，潜到水里，可是他无论如何也找不到那一口袋金子。当他从水里爬上来时，发现衣服不见了。原来是第三个小偷把他的衣服偷走了。

问题：同学们，上面的农夫和 3 个小偷的故事给你什么启示？

3 个小偷就是人生三大陷阱：大意、轻信、贪婪。

思维小故事

无处可入

比埃尔警长对面前的凶杀案没有任何头绪。

"我真的很难解释这到底是怎么回事。"他讷讷自语地说道。

他说那具尸体的背部让人用匕首刺穿了，然而死者嘴唇的颜色却告诉他死者曾服用过毒药。

"真是难以理解。"坐在他旁边的艾玛小姐说，"我的父亲怎么可能又是服毒药又被人刺杀的呢？"

"根据我的经验，按常理来说凶手用一种手段就完全可以达到目的了，可是为什么要这么做呢？该不会是凶手有两个人吧？"比埃尔警长也觉得深思不解。

艾玛小姐的父亲死得真是太突然了，就在艾玛小姐的生日聚会上，发生了老主人被杀的事情。在案发时所有人都在楼下，艾玛的男友皮特在上楼去敲门的时候才发觉不妙，便赶紧跑到楼下叫上大伙儿一起把门撞开，门被撞开后大家便发现了老主人的尸体。当时房门紧闭，窗户也是关紧的，这里形成了一个密室。此外，房间里有一台关着的电脑，一书柜的恐怖小说。死者的旁边还有一本翻开的小说，看来死者在死前还在看书。更让人感到奇怪的是，这间屋子的钥匙就放在桌子上面。

"艾玛小姐，桌上的这杯酒是怎么回事啊？"

"是我父亲在还没有上楼时从饭桌上拿走的。"艾玛回答道。

"是随手拿的吗？"

"是啊。"

"那这把作为凶器的匕首又是谁的呢？"

"它一直就在我父亲的房间里，本来是挂在房间的门后的。"

"那你父亲有回房时锁房门的习惯吗？"

"嗯，是的，他一个人在房间里时，总是喜欢把门锁上。"

一位留着长发的小姐出现在比埃尔警长面前，她叫莎莉，是艾玛小姐的朋友。

"警长先生，门外有人找您。"她刚说完，比埃尔就向门外看去，他微笑着说："是格林侦探啊！您能来真是太好了，我这里刚好有个令人费解的案子。"

"我正是为了这件事情来的。"格林扫视了一下周围的人，对艾玛小姐说："小姐，死者是这里的主人吗？"

"是的，先生。"

"那这杯酒是……"

"是我父亲随手从饭桌上拿的。"艾玛又解释了一遍。

"是皮特和大伙一起撞开的门。"艾玛补充了一句。

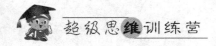

"皮特先生，您上来是有什么事吗？"

皮特摸了摸脑袋："嗯，我是想借此机会和艾玛的父亲说一说我和艾玛结婚的事情，可谁会想到……"他已经无法再说下去。

请问你知道这间密室杀人案到底是怎么回事吗？

 参考答案

其实凶手就是皮特，他进入老主人的房间后，便和他说起了自己与艾玛结婚的事情，在趁老主人不注意时将毒药投进了他的酒杯中，随后便离开了房间。老主人喝下酒之后就中毒了，他当时已经不能再呼喊了，只有一种方法，就是用房间里门后的那把匕首将自己杀死。如果想要让别人看

得出是他杀，那么只有将刀尖对准后背了。由于老主人有锁门的习惯，所以在皮特离开了以后，他习惯性地就在里面将门反锁了起来，造成了密室杀人案的假象。

有长远计划，未雨绸缪

【狮子的后悔】大草原上一望无际，一头吃饱了的狮子正安逸地躺在草地上睡觉。这时，有另一头狮子气喘吁吁地从它身边经过，焦急地对它说："你怎么还在这儿舒服地躺着呢，难道你没听说，老虎要搬到咱们这里来了，还不赶快去看看有没有别的地方适合我们居住，不然你等着喂老虎啊？"

"你瞎担心什么呢，都是朋友，有什么可怕的。再说这里的动物这么多，老虎根本吃不完，别白费力气了。"躺着的狮子若无其事地说。那头狮子看自己的劝说没有效果，只好摇摇头，自己去找另一个居住的地方了。

过了没多久，真的有老虎来了。由于老虎的到来，整个草原上野兽的奔跑速度变快了，这头狮子再也不像从前那样轻而易举就能获得食物了。当它再想搬到别处去时，却发现食物充足的地方早已经被其他动物捷足先登了。这头狮子悔不当初，但是后悔也来不及了。

【山猪磨獠牙】一只山猪在大树旁勤奋地磨獠牙。狐狸看到了，好奇地问它，既没有猎人来追赶，也没有任何危险，为什么要这般用心地磨牙。山猪答道："你想想看，一旦危险来临，就没时间磨牙了。现在磨利，等到有用的时候就不会慌张了。"

问题：读了这两则故事，你明白了什么道理？

参考答案

科学技术的发展让这个世界的发展也跟着加快，在这种情况下，如果不想被社会所淘汰，就要有意识地多做准备，努力在学习中逐步提高自己

超天才的分析

的能力，未雨绸缪，善养天机，日后便有用处。书到用时方恨少，平常若不充实学问，临时抱佛脚是来不及的。也有人抱怨没有机会，然而当升迁机会来临时，再感叹自己平时没有积蓄足够的常识与能力，以致不能胜任，也只好后悔莫及。

思维小故事

女服务生之死

就在昨天晚上，凯斯大酒店的工作人员玛丽被人杀害了。

玛丽是在公寓被杀的，在警方赶到现场后，发现其头后部有被钝器击打过的痕迹，她俯卧在屋子中央，手中还攥着一条珍珠项链。朋友们都很认可，玛丽确实是个贪财的人，听说她经常借钱给同事，然后从中收取高额利息。对那些不能按时还钱的人，还会索取其饰品、礼服等作为抵押，所以这里的人都很讨厌她。她直到死时手里还攥着的那条项链，也是从向她借贷的同事朱迪那里索取来的首饰。

可是很奇怪，在案发现场，窗户是上着锁的，门也从里面挂着门链的，也就是说玛丽是在密室中被杀害的。由此看出，项链的主人朱迪便成了杀害玛丽的嫌疑犯。但是，有谁知道朱迪是怎么进入上锁的室内杀害玛丽的呢？

事情是这样的，罪犯是隔着门链用榔头击中了玛丽的头部的。窗户确实是上着锁，门也挂着门链是进不来人的，可就算是这样也不能说是密

室。因为，上着门链的门如果没有锁门的话照样还是能开一个完全可以容下榔头的门缝儿，罪犯就是利用这个门缝儿作的案。朱迪可以把项链放在隔着门链就能看得到的可又离门稍微远了一点儿的地方，就在玛丽弯腰去捡项链的时候，朱迪在门外用藏在身上的榔头一下子敲击她的后脑勺，由于挥动榔头的力量受空间的限制，这一敲击并没有使玛丽死掉，玛丽吓得大声地尖叫着捡起项链赶紧跑回了房内，但是由于伤势太重，还没有跑几步回到屋中就死掉了。

高与低的结合

　　这是一个很久以前的故事。他出生在渔民家庭，世世代代以出海打鱼为生。18岁那年，爷爷决定带他出海。大海深处，爷爷教他如何使舵，如何下网，如何根据水的颜色变化辨识鱼群。

就在他听得起劲的时候，老天突然变了脸，刚刚还晴空万里，风平浪静，现在是狂风大作，巨浪滔天……

爷爷马上命令道："快，赶快拿斧头把桅杆砍倒！"他不敢怠慢，立即抓起斧头用尽全身力气把桅杆砍倒。大海重新恢复了平静，祖孙俩用手摇着橹返航。

他不解地问爷爷："为什么要砍断桅杆？"

爷爷说："帆船前进靠帆，而升帆靠的是桅杆，就是说船要行得快，必须靠桅杆和帆。我们现在为何行得慢，就是因为没了桅杆和帆。"

顿了顿，爷爷又说："但是，由于桅杆竖得高，就会使船的重心不稳，遇到大的风浪就更加危险了。所以，我让你砍断桅杆，就是为了降低重心，使船能稳定下来。"

后来，他当上了造船公司的总经理。不过，在他的办公室墙上有这样两句话："竖起桅杆做事，砍断桅杆做人。"他说，这是他的座右铭。

这个故事给我们的启示是：做事要高调，而做人则要低调。做事要像桅杆一样把目标竖得高高的，要像风帆一样把劲鼓得足足的，敢于面对各种各样的困难，乘风破浪，勇往直前。做人要像暴风雨中对待桅杆那样，尽管不愿意，但还要放倒它，因为只有降低重心，才能平安。

高调做事你会一次比一次优秀，低调做人你会一次比一次稳健。低调做人是一种品格，一种姿态，一种修养，一种智慧，是做人的最佳姿态。欲成事者必须要宽容于人，进而为人们所赞赏，所钦佩，这正是人能立世的根基。根基坚固，才有枝繁叶茂，硕果累累；倘若根基浅薄，便难免枝衰叶弱，不禁风雨。

低调做人，与人和谐相处，可以让人在不显山不露水中成就事业。学会低调做人，就是不张扬，不造作，不卷进是非，不招人嫌，不招人嫉，为人低调并非妥协、退让、懦弱，而是一种智慧，一种远见，是一种对人的尊重！

古人云："欲成事先成人。"这也是一生做人做事的准则。一生成功者必修哲学！《乐之源》：对己要求严，待人常以宽。勤勉多奉献，低调少比攀。淡中求真味，达人先达观。居功不可傲，心态放坦然。追求无奢望，知足乐年年。

一匹小斑马浸泡在水中。它悠闲而自在，完全觉察不出四下的危机。在岸边，有一头体积大它数倍的母狮正在窥伺。母狮没有贸然采取行动，不是因为无把握，而是不知道水的深浅，所以静待良机去猎杀。

不久，小斑马满足地站起来了，几乎没伸个懒腰就没了性命。是的，它犯了致命的错误，让岸边的敌人洞悉：哦，原来那么浅，只及你膝。母狮蓄锐出击，马上中的，啮咬着斑马的咽喉，并撕裂血肉，大快朵颐。母狮进餐，是在水中一个小浮岛上进行的，它并无意与同伴分食。

岸上来了些狮子，远视它吃得痛快，也垂涎欲滴。不过晚来了一点，又不敢轻举妄动：不知道水的深浅呀，所以没游过去抢食。母狮死守并独吞食物，得意地尽情享用。一不小心，尸体掉进水里，它下水叼起，一站起来，群狮洞悉了：哦，原来那么浅，只及你膝。二话不说，一齐下水拥上前。饥饿的狮子群，把母狮的晚餐抢走了，分享了。真的很无奈。

人人都不想倒下去，只希望站起来。无意中，一个飞扬跋扈的姿态，便让所有旁观者知道你是个怎么样的人，底牌在哪儿，水有多深——哦，那么浅。是自己给揭发的。成大事者要高调做事，低调做人！

同学们，人生也像大海，处处有风浪，时时有阻力。我们是与所有的阻力较量，拼个你死我活，还是积极地排除万难，去争取最后的胜利？生活告诉我们：事事计较、处处摩擦者，哪怕壮志凌云，聪明绝顶，也往往落得"壮志未酬泪满襟"的结果。为了拥有绚丽的人生，需要许多痛苦的妥协。

"内方外圆"是一门极高超的处世艺术，它维护了人格的独立，保全了人才的精华，但也或多或少地损伤了人格主体的尊严，使人格主体为把握正义和生存的平衡艰难地度量着。但它的的确确是必要的。要注意的是，只"圆"不"方"，那就是圆滑了。方，是人格的独立，自我价值的体现，是对人类文明的孜孜以求，是对美好理想的坚定追求。没有了"方"，"圆"就变了滋味。

低调做人既是一种姿态，也是一种风度，一种修养，一种品格，一种

超天才的分析

智慧，一种谋略，一种胸襟。低调做人就是用平和的心态来看待世间的一切。低调做人，更容易被人接受。一个人应该和周围的环境相适应，适者生存。曲高者，和必寡；木秀于林，风必摧之；人浮于众，众必毁之。低调做人才能有一颗平凡的心，才不至于被外界左右，才能够冷静，才能够务实，这是一个人成就大事的最起码的前提。

问题：同学们，通过这些故事你明白了吗？

 参考答案

低调做人，高调做事，是一门精深的学问，也是一门高深的艺术，遵循此理能使我们获得一片广阔的天地，成就一份完美的事业，更重要的是我们能赢得一个涵蕴厚重、丰富充实的人生。古人云："欲成事先成人。"这也是一生做人做事的准则。

思维小故事

谋杀的真相

就在一个星期天的早上，菲尔的尸体被人发现了，报案人是住在他隔壁屋的同事盖勒·格林。在接受警官的询问时，盖勒回答："我和菲尔是同事，感情十分要好。最近菲尔想要结婚，租下了郊外的一幢房子，想趁着星期天的早上搬家。我想早一点过来帮他收拾一下，所以8点钟我便去敲他的门，可是却没有人回答。我觉得很奇怪，而且闻到了煤气的味道，就去找管理员费恩斯。可费恩斯昨天下午就出去了。没有办法，我又找来了两位同事，弄坏门锁进了房间。房间里煤气的味道很浓，那两位同事去开窗时，我发现厨房的煤炉正在泄漏煤气，就赶紧关上了阀门，接着打电

话叫来了救护车。"

接下来警官又听取了另外两个人的证词："我们一直住在这里。这次为庆贺菲尔乔迁之喜，昨晚我们和盖勒一起为他举行了欢送会，到了晚上11点钟才完事。我们三人一起离开了，菲尔送我们到门口。至于煤气炉，是由于昨晚很热，我想应该没打开，而且我们当时喝的是啤酒，又不用温酒……"

警官仔细听着他们的证词，又认认真真勘察了现场，房间的门窗都是从里面锁好的，房间内全是煤气的味道，煤气炉上有一个烧干的茶壶，这一切都似乎都证明着这是一次意外死亡事故。他回到警局，坐在沙发上，点燃一支香烟，开始思索着案件。

这时，一位细心的老刑警回到警局，以满是疑问的口气说道："我听说菲尔的未婚妻在半年前还是盖勒的女朋友，或许是菲尔抢人所爱，盖勒心存怨恨……"

"可是菲尔的死亡完全是纯属意外啊！我当时仔细地勘察了现场，煤气泄漏的原因也很显然。而且，盖勒昨晚也前去参加了欢送会，这不正代表着他们已经和好了吗？"

这时，办公桌上的电话铃响了，是从管理员费恩斯那边打过来的。费恩斯说："……就是因为这样，所以菲尔肯定不是意外死亡，而是被人杀害的。今天是星期天，而我在昨天下午就和人约好出去……"

警官放下了电话后，感到抱歉地对站在旁边的老刑警说："呵呵，你真的猜对了！凶手可能就是盖勒，赶紧去申请逮捕令吧！"

那么，管理员到底和警官说了些什么呢，为什么他会判定出菲尔就是被盖勒杀死的呢？

参考答案

原因一，管理员知道菲尔星期天上午要搬家，而且他自己本身从星期六下午至星期天都不在宿舍，因此在星期六的上午，他就通知了煤气公

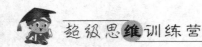

司，停止向这两个房间供气。既然是这样，在没有输送煤气的房间，是绝对不可能发生煤气中毒事件的。

原因二，盖勒将煤气阀门关掉的行为很明显是刻意给人看的，不是凶手的话是不可能会这么做的。而且盖勒同时还具有杀人的动机。

原因三，案发的前一晚盖勒在菲尔家的酒宴上故意将装满水的茶壶掀开盖子放在煤气炉上，造成了菲尔熟睡后，茶壶受热于是茶水溢出，浇灭了煤气火苗，而导致煤气泄漏的假象。其实，盖勒是在当晚趁菲尔熟睡时，把自家的煤气管通过煤气顺气窗拉入了菲尔的房间，使菲尔中毒身亡。第二天早上，盖勒又装作自己发现菲尔的死而冲进房间，因为只需要触摸一下煤气的阀门，就会留下指纹，可以借此证明自己的供词是真的。